ulmer

Heike Grotegut

KATZE
ALLEIN ZU HAUS

Wohnungskatzen glücklich machen

7 Schöner wohnen

41 Willkommen zu Hause

63 Forever fun

81 Just like heaven

The house of the rising fun

Langeweile ade: Herausforderndes Spielzeug, spannende Ausblicke, kuschelige Ruheplätze und ein Quartier nach Katzengeschmack garantieren Spaß und Wohlbehagen für unsere Samtpfoten.

Home alone

Fragen Sie sich auch manchmal, was Ihre Katzen machen, wenn sie die überwiegende Zeit des Tages ganz allein zu Hause sind? Sitzen die Miezen stundenlang am Fenster, warten sehnsüchtig auf Ihre Rückkehr und versinken dabei in einem Meer aus Langeweile? Stellen sie die Hütte auf den Kopf, um etwas zu erleben? Oder leiden sie Hunger und gehen deshalb die Wände hoch?

Und Sie? Plagt Sie ein schlechtes Gewissen, wenn Sie arbeiten oder unterwegs sind und Sie an Ihre Samtpfoten denken? Können Sie gar nicht schnell genug nach Hause kommen, um zu sehen, ob es den Parkettpanthern gut geht? Stresst Sie vielleicht sogar der Gedanke, dass Sie abends nochmals losmüssen? Wenn Sie eine dieser Situationen kennen, kann Ihnen dieses Buch hoffentlich dabei helfen, Ihr schlechtes Gewissen in Wohlgefallen aufzulösen und Ihre Stubentiger besser zu verstehen.

Adieu Tristesse

Während wir außer Haus sind, sitzen unsere Schnurrer daheim – hier tut sich häufig gar nicht so viel. Da kann einem so intelligenten Wesen wie der Katze schon mal die Decke auf den Kopf fallen. Um der Langeweile zu entkommen, wird manche Mieze kreativ: Zuvor noch öde Dinge im Regal verwandeln sich schnell in eine aufregende Beute, wenn sie mit der Pfote angestupst werden. Die Küchenrolle muss natürlich deshalb zerfetzt werden, weil sie angriffslustig mit einem raufen will. Der Vorhang verführt zu atemberaubenden Klettermöglichkeiten mit aufregendem, nie gekanntem Ausblick auf die Umgebung. Toilettenpapier muss selbstverständlich ordnungsgemäß abgerollt werden, schließlich lockt es als wunderbar kuscheliges, weiches Nest, in dem es sich prima verstecken lässt.

Einige Katzen stopfen sich aus Langeweile voll und werden mit der Zeit immer moppeliger, was gesundheitliche und psychische Folgen haben kann. Andere fühlen sich in ihrer Haut so unwohl, dass sie sich deswegen entweder kahl lecken oder aggressiv werden. Langeweile kann aber auch zu Markieren, unerwünschtem Kratzen, aufmerksamkeitsheischenden Verhalten oder gar zu Depressionen führen.

Das alles muss nicht sein. Es ist so einfach, Langeweile gar nicht erst aufkommen zu lassen. Viele der hier vorgestellten Ideen lassen sich ratzfatz recht simpel mit Dingen umsetzen, die sich meistens zu Hause finden oder für die Altkleidersammlung oder den Müll bestimmt sind.

Jeder Jeck ist anders – das trifft natürlich auch auf unser liebstes Haustier zu, darum wird nicht jede vorgestellte Idee bei allen Samtpfoten gleich gut ankommen. Lassen Sie sich von den vorgestellten Einfällen inspirieren! Entdecken Sie zusammen mit Ihren Fellnasen, was am besten ankommt.

Ich wünsche Ihnen und Ihren Katzen ganz viel Spaß beim Erproben, Erkunden, beim Spielen und beim (gemeinsamen) Entspannen!

Auf einen Blick

Wie leicht oder schwer ist eine Idee umzusetzen? Diese Info finden Sie bei jeder Anleitung.

Schwierigkeitsgrad:

einfach   mittel   anspruchsvoll

Ein Abenteuerspielplatz für Samtpfoten: weich, kuschelig und zugleich spannend – für uns ist es nur Toilettenpapier.

Schöner wohnen

Willkommen im Schlummerland

*Der Spruch „dolce far niente" – das süße Nichtstun –
entstand sicherlich beim Anblick einer schlafenden Katze:
Kaum etwas ist niedlicher. Wie schön, dass unsere
Samtpfoten gern Siesta halten ...*

Katzen schlafen viel, bis zu zwei Drittel des Tages verbringen sie mit intensivem Nichtstun. Die Minilöwen entspannen sich dabei zufrieden und genießerisch teilweise in so akrobatischen Stellungen und an so unbequem wirkenden Orten, dass ein Fakir vor Neid blass werden könnte. Die Schlafhaltung hat sehr viel mit individuellen Vorlieben zu tun, für manche Mieze steht die Welt Kopf, weil sie es einfach liebt, auf dem Rücken zu ratzen. Der vielgerühmte Eigensinn der Katzen zeigt sich auch in der Wahl der Ruhelager: Eine Pizzaschachtel scheint dabei häufig attraktiver als ein teures Katzenkissen zu sein.

Nur mit der Ruhe

Katzen sind Jäger, ein Beruf, der es in sich hat: Da wird aufgelauert, angepirscht, sich blitzschnell auf den Fang gestürzt, gesprungen und geklettert. Dieser Job wird immer und überall ausgeübt, auch wenn ihn das Tier „nur" mit einem Spielzeug in den eigenen vier Wänden nachstellt. Dabei ist es extrem konzentriert, der Adrenalinspiegel peitscht hoch und der Organismus verbraucht viel Energie – sogar, wenn's nur kurz auf die Pirsch geht.

Die beste Art und Weise, die Akkus wieder aufzufüllen, ist eindeutig ein Nickerchen. Neben der Regeneration wird dabei zusätzlich Erlebtes verarbeitet, sodass der Stubentiger nach dem Schlaf gestärkt und damit bereit für neuen Trubel ist.

Nach dem Essen lieben unsere vierbeinigen Mitbewohner ihr Verdauungsschläfchen und frönen der Gemütlichkeit. Ein knurrender Magen lässt einige Katzen sogar aggressiv reagieren, sie weisen ihre „Futterspender" mit mahnenden Klapsern, mit Hauen und Klauen auf die Dringlichkeit einer Mahlzeit hin.

Jede Fellnase hat ihr eigenes Schlafbedürfnis, das von Faktoren wie Alter, Gesundheit, den Jahreszeiten und aktuellen Lebensbedingungen bestimmt wird. Ein Schnurrer in reiner Wohnungshaltung ohne spezielle Beschäftigung schläft mehr als eine Katze, die draußen jagen geht. Junge Kätzchen schlafen viel – die aufregenden Abenteuer, spannenden Spiele und all das frisch Erlernte müssen in Morpheus Armen verarbeitet werden. Beim Schlummern tanken die Kitten neue Kraft für weitere faszinierende Entdeckungen. Ältere Silberfelle müssen sich nicht mehr in Abenteuern

Simplify your life! Oft sind es die einfachen Dinge, die unsere Pelznasen bevorzugen.

beweisen und wissen ein ausgiebiges Nickerchen an einem warmen, muckeligen Ort sehr zu schätzen.

Seien Sie nett und wecken sie schlafende Katzen nicht. Das kann sie stressen und mal ehrlich: Wer von uns liebt es, unsanft aus dem Schlaf gerissen zu werden?

Traumplätze für Fellnasen

Trübe Tage, nasse und kalte Stunden vergehen für unsere pelzigen Freunde am angenehmsten an behaglichen Plätzen in der Nähe der Heizung, mit einer kuscheligen Decke oder auf einem weichen Kissen. Ist es draußen heiß, haben kühlere Plätze Konjunktur, da legt sich

Denkwürdig

Katze Towser verdingte sich fast 24 Jahre lang ihr Leben bei der schottischen Whiskydestillerie Glenturret. Während dieser Zeit soll sie sage und schreibe 28.988 Mäuse erlegt haben. Weltrekord! Die Schildplattkatze hat damit nicht nur einen Eintrag ins „Guiness Buch der Rekorde" erhalten, sondern bekam auf dem Gelände der Destillerie ein bronzenes Denkmal mit Inschrift.

der Leisetreter gern in eine laue Brise oder auf kühle Fliesen. Generell wird im Winter mehr geschlafen als an warmen Sommertagen.

Neben den Jahreszeiten beeinflusst die Tageszeit die Wahl der Ruheplätze. Ihre Stubentiger schlummern vormittags bestimmt woanders als in der Nacht. Generell werden trockene, warme und weiche Plätze bevorzugt. Besonders beliebt sind Behältnisse, wo der Körper mit Ach und Krach reinpasst. Je unsicherer ein Tier, desto geschützter wird der Bereich sein, den es zum Pausieren aufsucht. Kein Wunder also, dass die Samtpfoten Kartons heiß und innig lieben. Einige Katzen können sich nur in äußerst sichtgeschützten Verstecken wie etwa einem Bettkasten vollständig entspannen. Viele lieben es, aus einer behüteten Deckung heraus zu beobachten: Da lockt entweder der Platz unterm Sofa oder dem Tisch oder ein erhöhter Standort, der einen perfekten Rundum-Blick bietet, wo jede noch so kleine Veränderung registriert wird. Katzen sind Lauer- und Schleichjäger. Deshalb ist das intensive Beobachten ihrer Umgebung so wichtig, man kann ja nie wissen, wo und wann die nächste Beute lockt. Selbstverständlich werden die „Dosenöffner" ebenfalls sehr genau observiert und studiert.

Der Lieblingsrückzugsort eines Tieres wird in der Regel von anderen Katzen akzeptiert. Da gönnt man sich gegenseitig Ruhe. Bei Annexionsversuchen wird dieses kleine Stück Paradies allerdings durchaus verteidigt.

Meister Hora

Katzen leben nicht planlos in den Tag hinein, wie viele andere Tiere haben sie einen untrüglichen Zeitsinn. Sie erledigen alles nach einem festen Zeitplan, das betrifft die Revierkontrolle, die Pirsch, das Nickerchen und selbstverständlich auch die Mahlzeiten und Spielstunden. Ein dermaßen ausgefeiltes Zeitmanagement bietet einige Vorteile, unter anderem lassen sich damit knappe Ressourcen besser gemeinsam nutzen: Katzen, die sich gleiche Wege im Revier teilen, achten darauf, dies zu unterschiedlichen Zeiten zu tun – so kommt man sich nicht in die Quere.

Katzen sind Tiere der blauen Stunde, ihre aktivste Zeit liegt in der Morgen- und Abend-

Erstaunlich: Katzen erholen sich im Schlaf und verpassen trotzdem nicht viel – weil sie wachsam bleiben.

dämmerung. Dann sind ihre Beutetiere emsig unterwegs, also wird dieser Tagesabschnitt natürlich genutzt. Die Pelznasen prägen sich zusätzlich zu ihrem eigenen Zeitrhythmus den Turnus ihrer Menschen ein und stimmen ihr Leben entsprechend darauf ab: Der Tag und ein großer Teil der Nacht sind sowieso bezüglich der Jagd Ausfallzeiten und werden deshalb sehr sinnvoll für ein erholsames Nickerchen genutzt. Praktisch, dass dies zu einem Großteil hervorragend zu unseren Zeiten passt: Tagsüber arbeiten wir oder erledigen außer Haus Dinge, nachts wird geschlafen. Die menschliche Abwesenheit wird für eine ausgiebige und erholsame Siesta genutzt. Dieses Einprägen und Zusammenfügen zweier Zeitschienen ist ein Zeichen der hohen Intelligenz von Katzen. Wenn Sie hungrig und müde nach Hause kommen, sind die Samtpfoten frisch und erholt und verlangen nach Entertainment. Die Welt ist einfach nicht gerecht. Wenn Sie da sind, ist die Zeit reif für gemeinsame Spiele, für Abenteuer, die man zusammen erlebt und natürlich fürs Schmusen. Was gibt es Schöneres?

Kommt Zeit, kommt Schlaf

Beim Schlafen wechseln sich verschiedene Stadien ab: Aus der fünfzehn bis dreißig Minuten langen Leichtschlafphase können Katzen augenblicklich aufwachen und reagieren. Das spiegelt sich in ihrer Körperhaltung wider: die Ohren bleiben aufgestellt, häufig ist ein Auge halb geöffnet, zudem wird direkt auf Umgebungsgeräusche angesprochen – ein Überbleibsel aus dem Leben in der freien Natur, wo es besser ist, stets auf der Hut zu sein und die nächste Beute nicht zu verpassen. In der fünf bis acht Minuten andauernden Tiefschlafphase arbeitet der Körper im Stand-by-Modus, die Muskeln sind entspannt, die Ohren sind nicht mehr aufgestellt, vielleicht zuckt ab und an mal eine Pfote, das Gehirn bleibt aktiv. Die Augen bewegen sich schnell hinter den geschlossenen Lidern, was dieser Phase ihren weiteren Namen einbrachte: „Rapid Eye Movement" (REM). Wissenschaftler gehen davon aus, dass Katzen während dieser Phase träumen. Wer jemals seine Mieze dabei beobachtet hat, zweifelt kein bisschen daran.

Höhle der Salonlöwen

Hauskatzen leben in freier Wildbahn nicht in Rudeln. Bei Gefahr müssen sie sich vollkommen allein in Sicherheit bringen und zurechtkommen, Verletzungen müssen ohne Unterstützung überstanden werden. In so einer Welt ist Vorsicht besser als Nachsicht. Entsprechend inspizieren die Tiere alle Flucht- und Unterschlupfmöglichkeiten in ihrer Umwelt gründlich und besitzen die Fähigkeit, in (fast) jedem Raum ein Versteck zu finden. Sicherlich erkunden auch Ihre Katzen auf ihren Touren durchs heimatliche Revier neugierig Löcher, Röhren, größere Spalten und vieles mehr und verschwinden besonders gern in Kartons, Papiertüten, Sporttaschen oder Schrankfächern – dieses Verhalten nennt man „Spaltenappetenz". Diese „Höhlen" versprechen Unterschlupf und Sicherheit.

Tipps & Tricks

Ob spannende Alleinunterhaltung, Chill-out-Zone oder Herumstreunen im häuslichen Revier: Für alles gibt es Regeln, die Spaß und Sicherheit vereinen.

Grenzenlose Freiheit?

Katzen grenzen ihr Revier ab. Dass kennen und erwarten sie auch von anderen. Unsere pelzigen Mitbewohner brauchen Grenzen – Freiheit ohne jegliche Beschränkung entspricht so ganz und gar nicht der Art unserer Samtpfoten. Es ist aber typisch Katze, von Zeit zu Zeit Tabus auszutesten, bestehende Rahmen auszuloten und gegen Beschränkungen aufzubegehren. Diese Überschreitungen werden ganz bewusst provoziert. Bleibt das Gegenüber standhaft, ist der Fall meistens schnell erledigt.

So muss beispielsweise nicht jedes Zimmer permanent zugänglich sein. Vorausgesetzt natürlich, dass genug Platz da ist. Schließlich wird das Territorium draußen ebenfalls beschränkt: durch andere Katzen oder Tiere oder durch Bauwerke. Eine geschlossene Tür führt zwangsweise dazu, dass unsere Minipanther aus Neugierde einiges anstellen, um dem Geheimnis der verriegelten Pforte auf die Spur zu kommen: Sie inspizieren und lauern. Ein sehr simples Mittel, um das alltägliche Einerlei ab und an kurz zu durchbrechen.

Nicht ohne meine Katze

Der früheste archäologische Fund einer Katze wurde in einem 9500 Jahre alten Grab auf Zypern gemacht. Keine vierzig Zentimeter neben einem jungen Mann lag eine Katze. Beide waren rituell Richtung Westen ausgerichtet. Zu diesem Zeitpunkt gab es auf Zypern noch keine Hauskatzen.

Sicheres Heim, Glück allein

„Neugier ist der Katze Tod." – mit diesem altbekannten Spruch ist der unbändige Drang der Pelznasen gemeint, alle Verstecke, Orte und Gegenstände in ihrer Umgebung zu untersuchen und am besten reinzukrabbeln, um alles noch intensiver zu erforschen. Im Zusammenleben mit Katzen muss man einfach auf das überraschende Auftauchen der Samtpfoten an den seltsamsten Orten gefasst sein. Kein Versteck ist zu skurril, keine Tasche zu klein. Zeitungen oder Decken werden gern als Schlupfloch hergenom-

Papiertüten – knisternde Verführung für Miezen: Hier lässt sich prima die Umgebung beobachten, ohne direkt entdeckt zu werden.

men, Kartons sind die Klassiker der Refugien. Rechnen Sie mit allem, nichts ist unmöglich. Leider ist nicht jedes Risiko offensichtlich. Es gibt einiges, auf das Sie achten können, damit die Minilöwen sicher sind, wenn sie allein zu Hause spielen, dösen oder ihr Revier patrouillieren.

Hier einige Tipps:

Fenster, Türen: Sichern Sie zuschlagende Türen und Fenster bei Durchzug mit Stoppern. Halten Sie während Ihrer Abwesenheit sämtliche Fenster geschlossen, sichern Sie sie allgemein mit einem Kippfensterschutz. Jährlich verletzten sich immer noch und wieder viel zu viele Katzen schwer am *„Kippfenster-Syndrom"* und sterben teils qualvoll an den Folgen.

Toilette: Halten Sie WC-Deckel geschlossen. Junge Kätzchen können im Lokus ertrinken, während sich erwachsene Tiere durch eventuelle Zusätze im Wasser vergiften können.

Pflanzen: Achten Sie bei allen Gewächsen inklusive Blumensträußen bitte darauf, dass sie ungiftig für Katzen sind. Blätter, Blütenstücke, Stängel, Blütenstaub oder sogar das Blumenwasser können ernsthafte Vergiftungen verursachen (siehe dazu auch Service Seite 94).

Vasen, Töpfe: Sichern Sie Topfpflanzen und Blumenvasen so, dass sie nicht runterfallen und zerbrechen können. Scherben und Splitter können Ihre Samtpfoten verletzen.

Medikamente: Arzneimittel bitte immer katzensicher aufbewahren. Schmerzmittel mit den Wirkstoffen Paracetamol,

Ibuprofen, ASS oder Diclofenac sind für Katzen ebenso giftig wie Kontrazeptiva („Antibabypille"), Schilddrüsenhormone, Betablocker – etwa zur Behandlung von Herzkrankheiten, ADHS-Medikamente oder Antidepressiva.

Reinigungsmittel: Haushaltsreiniger außerhalb der felinen Reichweite lagern. Konzentrierte Produkte wie Toiletten- oder Abflussreiniger können zu chemischen Verbrennungen führen. Kiefern- oder Zitrusöl wird häufig in Reinigungsmitteln verwendet und kann zahlreiche Probleme bis zu Organschäden verursachen.

Enteiser: Enteiser sind für Katzen tödlich. Deshalb bitte alle Behälter ausnahmslos wegschließen und Spritzer sehr sorgfältig aufwischen.

Lebens- und Genussmittel: Manches ist für Katzen giftig, wobei diese Liste keinen Anspruch auf Vollständigkeit erhebt: Schnittlauch, Zwiebeln, Weintrauben und Rosinen, Schokolade und Kakao, Avocados, Kohl, Hülsenfrüchte, Steinobst wie etwa Aprikosen, Pflaumen oder Pfirsiche, rohe Kartoffeln, Auberginen, Tomaten, Macadamianüsse, Tabak, Muskatnüsse, Alkohol, Kaffee oder Tee, ebenso wie Knoblauch in größeren Mengen. Beim Verzehr von rohem Schweinefleisch besteht die Gefahr einer Infektion mit dem Aujeszky-Virus, der zu einer unheilbaren Gehirn- oder Rückenmarksentzündung führen kann. Da Katzen sich viel und ausgiebig putzen, kann manche Substanz beim Ablecken von Pfoten oder Fell aufgenommen werden.

Bänder & Co.: Räumen Sie lange Fäden, Gummibänder, Kordeln, Wollknäueln, Geschenkbänder, Schnürsenkel, Spielangeln mit langer Schnur oder Ähnliches sorgfältig weg. Leider wirken diese kleinen „Schlangen" sehr verführerisch auf Katzen. Die Tiere können sich während des Spielens darin verfangen, sich die Gliedmaße abschnüren oder erdrosseln. Beim Verschlucken besteht die Gefahr einer Magenverschlingung oder eines Darmverschlusses.

Tüten: Schneiden Sie bei Papiertüten die Henkel durch oder entfernen Sie sie komplett. Die Tiere können sich in den Trageschlaufen verheddern und beim panischen Befreiungsversuch verletzen. Plastiktüten bergen mehrere Risiken: Es besteht Erstickungsgefahr, wenn die Mieze neugierig diese tolle „Höhle" inspiziert, die auch gefährlich ist, wenn das Plastik auseinandergenommen, zerbissen oder teilweise verschluckt wird. Plastiktüten darum direkt komplett aus dem felinen Wirkungsbereich entfernen.

Höhlen: Halten Sie Waschmaschine, Trockner, Spülmaschine oder abschließbare Schränke besser stets geschlossen. Wenn Katzen unbemerkt in diese „Höhlen" schlüpfen und versehentlich eingeschlossen werden, können sie schlimmstenfalls ersticken. Überprüfen Sie bitte immer vor dem Verschließen sorgfältig das Innenleben auf kätzischen Besuch.

Dosen: An den Kanten geöffneter Büchsen können sich Katzen ihre Zungen verletzen. Zudem kann es passieren, dass eine Pelznase ihren Kopf in die Dose steckt und nicht mehr imstande ist, sich daraus zu befreien. Ein bitteres Schicksal, das hungrige Straßenkatzen immer wieder erleiden. „Falten" Sie das Blech daher bitte recht klein zusammen, bevor es im Recycle-Müll landet.

Kleinteile: Räumen Sie verschluckbare kleine Dinge wie Nadeln, Reißzwecken oder Ähnliches ordentlich weg.

Kabel, Steckdosen: Besonders junge Katzen knabbern gern an Kabeln. Sichern Sie sie mit entsprechenden Verkleidungen und Steckdosen mit speziellen Kindersicherungen.

Bügelbrett, Bügeleisen: Das Equipment fürs Wäscheglätten bitte nicht unbeaufsichtigt rumstehen lassen. Nicht jedes Bügelbrett kann einen Katzensprung aushalten und klappt eventuell zusammen. Folge können Quetschungen bis hin zum komplizierten Knochenbruch sein. Ähnliches gilt für Wäscheständer.

Mülleimer: Einige Katzen finden Abfall äußerst spannend und wühlen darin herum, was natürlich je nach Material verschiedene Gefahren in sich birgt. Am besten unzugängliche Mülleimer mit Deckel verwenden.

Kamine: Achten Sie darauf, den Zugang zu offenen Kaminen zu blockieren, eine neugierige und sportliche Katze kann sonst auf dem Dach enden.

Balkon: Jährlich verunglücken leider immer noch viel zu viele Katzen bei einem Sturz vom Balkon oder weit geöffneten Fenstern. Verlassen Sie sich nicht auf den sagenhaften Gleichgewichtssinn der Tiere oder darauf, dass jahrelang nichts passiert ist. Ein vorbeifliegender Vogel oder ein Schmetterling kann urplötzlich den Jagdtrieb auslösen, ein lautes Geräusch erschreckend wirken und die Katze verliert ihr Gleichgewicht oder der Balkonkasten löst sich aus seiner Verankerung, wenn die Mieze draufspringt. Nicht jede landet unbeschadet auf ihren vier Pfoten. Sicherheit bringt nur ein Katzenschutznetz.

Hitzequellen: Stellen Sie am besten einen Topf mit Wasser auf eine noch heiße Topfplatte. So kommt die Mieze damit nicht in Berührung.

Vorhänge, Rollos: Achten Sie bei Innenrollos bitte darauf, dass die Jalousienschnur nicht frei umherschwingt, damit sich keine Katze darin verfangen und schwer verletzen kann. Fadenvorhänge laden Haustiger definitiv zum Spielen ein, leider besteht auch hier die Gefahr des Erdrosselns.

Halsbänder: Katzen können in Halsbändern hängen bleiben und sich so strangulieren. Der Versuch, dem Halsband zu entkommen, kann schlimme Verletzungen an Maul und Pfoten zur Folge haben.

Standfestigkeit: Wackelige Katzenbäume oder Kleinmöbeln werden von

Ein sicheres und glückliches Leben für unsere Samtpfoten ist häufig mit sehr einfachen Mitteln zu erreichen.

den Schnurrbartträgern verschmäht. Schlimmstenfalls kippen sie damit um und verletzten sich.

Katzenangeln: Spielzeug mit Schnur immer nur zum gemeinsamen Spiel herausholen, sonst bitte unzugänglich aufbewahren. Die Miezen können sich im Solo-Spiel darin verhaken und schlimmstenfalls strangulieren.

Zugegebenen – das sieht jetzt wirklich viel aus. Aber keine Bange: Je länger Sie mit Ihren vierbeinigen Mitbewohnern zusammenleben, desto besser kennen Sie sie und können Ihr Heim entsprechend absichern.

Ein erhöhter Ausblick bietet einen sicheren Beobachtungspunkt – nicht viele Tiere können den Samtpfoten hierhin folgen.

Zuhause im Glück

Bestimmt kennen Sie das: Gerade haben Sie ein sensationelles Katzenkissen käuflich erworben und eilen damit voller Vorfreude nach Hause. Mit dieser neuen Möglichkeit zum Relaxen sollen es die Stubentiger bequemer haben und sich noch wohler fühlen. Sie drapieren das Schlummerkissen liebevoll im Raum, tatsächlich rollt sich schnell eine Mieze darauf zusammen. Oh Freude, genauso haben Sie sich das vorgestellt. Und dann? Nur einen Wimpernschlag später steuert die Katze zielstrebig auf den Karton zu, den Sie gerade fürs Altpapier rausgestellt haben. Grämen Sie sich nicht: Mit dieser Erfahrung stehen Sie nicht allein da. Jede Samtpfote hat einen einzigartigen Geschmack – dieser Eigensinn ist es doch, den wir so an ihr lieben. Katzen suchen sich ihre Plätze zum Relaxen selbst aus und über Geschmack lässt sich eben nicht streiten.

Bei aller Individualität und Eigenwillen gibt es einige Dinge, die auf die meisten Katzen einfach unwiderstehlich wirken.

Hier ein paar Tipps:

Schöne Aussicht: Die Umwelt draußen zu betrachten, kann unendliche Stunden der Unterhaltung bieten. Ein freier Platz am Fenster ist daher ein Muss im Katzenleben. Im Flur gibt es meistens nicht so viel Spannendes zu beobachten, was von Interesse für Katzen ist, deshalb kommen Ruheplätze hier meistens nicht so gut an.

Perspektivenwechsel: Bieten Sie verschiedene Ebenen zum Relaxen an.

Stubentiger wechseln gern mal den Blickwinkel und beobachten die Welt aus verschiedenen Positionen. Das vergrößert gleichzeitig den Lebensraum.

Höhlen & Co.: Positionieren Sie Ruhekissen und -höhlen in der Nähe Ihres Sofas, Bettes oder Arbeitsplatzes, besonders dann, wenn Ihre Katzen gern in Ihrer Sichtweite bleiben. Eine Decke oder ein Handtuch direkt über der Sofalehne oder auf dem Bett werden in der Regel sehr gern angenommen.

Geschützter Blick: Katzen lieben es, wenn sie sich in etwas reinhängen können – Mulden stehen häufig hoch im Kurs. Hohe Ränder sind attraktiv, hier lässt es sich wunderbar nach dem Motto *„Sehe ich dich nicht, siehst du mich nicht."* verstecken.

Mehr ist mehr: Je reichlicher Möglichkeiten zur Beobachtung und zum sicheren Rückzug vorhanden sind, umso besser. So ist für jeden Geschmack und für jede Situation vorgesorgt. Aber – keine Sorge: Sie müssen nicht die ganze Wohnung mit kätzischem Ruhemobiliar ausstaffieren. Allerdings sollten es schon mindestens zwei Plätze pro Katze sein – wobei sich die Tiere durchaus einige Bereiche (nicht nur) zeitlich versetzt teilen.

Betörende Düfte: Wenn Ihre Stubentiger Katzenminze oder Baldrian mögen, geben Sie ruhig etwas davon auf das neue Katzenkissen oder in die neue Katzenhöhle. Das macht die „Annektierung" für manche Miezen attraktiver.

Gute Aussicht: Ein deckenhoher Kratzbaum kann das Leben der Katzen sehr bereichern, wenn er stabil und standsicher ist und an einem interessanten Ort steht. Er bietet Klettermöglichkeiten und vergrößert damit den Lebensraum. Zudem behalten die Schnurrer auf erhöhter Warte den Überblick. Auch bei Auseinandersetzungen ein Vorteil: Der höher gelegene Kontrahent hat eindeutig die besseren Karten, sogar bei stärkeren Gegnern. Ein Katzenbaum, der abseits in einer Ecke steht, verspricht wenig spannende Ausblicke und wird eher selten angenommen.

Testen Sie die Vorlieben Ihrer Katzen aus – mit der Zeit werden Sie auf jeden Fall wissen, was sie am liebsten mögen. Wenn die Pelznasen neben tollen Plätzen und Aussichten noch passendes Spielzeug (zum Thema Sicherheit und Spielsachen siehe Seite 69) während Ihrer Abwesenheit haben und Sie sicher sein können, dass es ihnen gut geht und sie wohlbehütet sind, ist das einfach ein gutes Gefühl. Schlechtes Gewissen ade!

Schwierige Kehrtwende

Jeder kennt die Schlagzeile, in der eine Katze vom Baum gerettet werden muss. Wie kann es sein, dass ein derart geschicktes Tier so unbeholfen ist? Klettern Eichhörnchen abwärts, drehen sie die hinteren Pfoten nach außen und leicht nach hinten. Lange, gebogene Krallen bieten dabei Halt. Das können Katzen nicht. Sie müssen erst lernen, wie der Rückweg funktioniert. Das ist instinktiv ungewohnt und verunsichert zuerst, die Laufrichtung nicht im Blick zu haben. Einmal gelernt, klappt es meistens ganz gut – es sei denn, Angst hemmt.

Komm in meinen Wigwam

Katzen und Höhlen – das ist eine große, immerwährende Liebe, die man leicht zum Erblühen bringen kann – und das manchmal mit verblüffend einfachen Mitteln.

Seien wir mal ehrlich – jeder von uns Katzenfreunden hat mindestens einmal in seinem Leben etwas zum Chillen für die Pelznasen gekauft, obwohl wir es nicht wirklich schön fanden. Wir ließen uns trotzdem hinreißen und zu allem Überfluss ignorierten es die Miezen auch noch. Flop auf ganzer Linie – ein klassischer Fehlkauf.

Katzen haben ihren eigenen Kopf und sehr eigenwillige Vorstellungen von Bequemlichkeit und Komfort. Der eine Stubentiger liebt seinen abgewetzten Karton über alles, der andere bekommt gar nicht genug von einer simplen Fußmatte.

Wenn Sie Katzenmobiliar selbst gestalten, sorgen Sie für katzengerechte Abwechslung, schonen gleichzeitig übers Upcycling die Umwelt und können es von Anfang an Ihrem persönlichen Geschmack anpassen.

Alte Kartons oder ausrangierte T-Shirts erwachen in Ihren Händen zu neuem Leben und sorgen für behagliche Stunden der Katzen.

Ein ausrangiertes T-Shirt und alte Drahtbügel verwandeln sich in eine spannende neue Katzenhöhle.

Katzenbutze

Das brauchen Sie

> 1 Karton, passend zur Größe Ihres Haustigers
> 1 ausrangiertes T-Shirt, die Maße sollten für den Karton ausreichend sein
> Schere
> Gewebeband (Baumarkt, Drogerie) oder ökologisches Verpackungsklebeband (Baumarkt)

So geht's

1. Die Deckelklappen auf der Oberseite des Kartons nach innen einklappen. Das T-Shirt über den Karton ziehen und so zurechtzupfen, dass sich der Halsausschnitt über der Kartonöffnung befindet und die Ärmel links und rechts an den Seiten liegen. Die Halsöffnung dient als Eingang. Die Ärmel nach innen stülpen und glattstreichen. Den Stoff auf der Rückseite einschlagen und gut mit Klebeband befestigen.
2. Das war's auch schon, so einfach kann's gehen.

Den Anfang zur tollen, neuen Katzenhöhle bildet ein beherzter Schnitt mit der Drahtzange.

Katzenwigwam

Das brauchen Sie

> Pappe
> 2 Drahtkleiderbügel (Reinigung, Internet)
> 1 ausrangiertes T-Shirt
> Schere
> Zange (Baumarkt)
> Gewebeband (Baumarkt, Drogerie) oder ökologisches Verpackungsklebeband (Baumarkt)

So geht's

1. Dröseln Sie den gebogenen Teil der Bügel auseinander und zwacken Sie mit der Zange den Aufhänger unter den gewellten Stellen ab.
2. Formen Sie aus den beiden Drahtbügeln jeweils einen Bogen. Achten Sie darauf, dass die Enden ungefähr einen 90-Grad-Winkel bilden. Legen Sie die Bögen mittig übereinander und verbinden Sie die gekreuzte Stelle fest mit Klebeband.
3. Schneiden Sie die Pappe quadratisch zu und setzen Sie in die Ecken kleine Löcher. Stechen Sie die losen Enden des Drahtes durch und biegen Sie alles so um, dass es möglichst ebenmäßig auf der Pappe aufliegt. Befestigen Sie den Draht sorgsam mithilfe des Klebebands.
4. Ziehen Sie das T-Shirt über das Drahtgestell, die Halsöffnung ist der spätere Eingang. Zupfen Sie alles in Form, schlagen Sie die Ärmel nach innen ein und kleben Sie das T-Shirt gegebenenfalls auf der Unterseite des Pappbodens fest.

Frischer Fisch auf den Tisch

Das brauchen Sie

> 1 Pappkarton, passend für Ihre Katzen
> Schere oder Cuttermesser (Baumarkt, Bastelbedarf)
> Gewebeband (Baumarkt, Drogerie) oder ökologisches Verpackungsklebeband (Baumarkt)
> Stift zum Aufzeichnen und Verzieren

So geht's

1. Sämtliche Aufkleber entfernen und die Deckel- und Bodenklappen des Kartons mit Klebeband zukleben.
2. Den geöffneten Schlund des Fisches aufzeichnen und ausschneiden. Aus den Reststücken, die beim Schneiden anfallen, die Flossen basteln. Dabei auf der breiten Seite der Pappflossen einen schmalen Rand von mindestens 0,5 cm knicken. Dieser wird später zur Befestigung im Innenteil benötigt.
3. Zum Anbringen der Flossen den Karton an beiden Seiten auf gleicher Höhe vorsichtig anschlitzen, die Pappstücke durchschieben und an der Innenseite am umgeknickten Rand festkleben.
4. Zum Schluss Augen und Fischschuppen aufmalen. Es kann serviert werden!

Oberster Mäusejäger

In der Downing Street Nr. 10 gehen seit 500 Jahren Katzen auf Mäusejagd. Der offizielle Titel lautet „Chief Mouser to the Cabinet Office". Als Beamte kann man sie nicht entlassen. Wozu auch? In dem 500 Jahre alten Haus gibt es reichlich zu tun, neben unzähligen Mäusen wurden sogar schon Ratten auf den Stufen der Londoner Residenz gesehen. Sie wird seit 1735 von den Premierministern bewohnt, das Amt des „Chief Mousers" wird vermutlich schon seit der Regierungszeit Heinrichs VIII. (1491–1547) besetzt.

Nurdachhaus

Das brauchen Sie

› 1 Karton
› Schere oder Cuttermesser
› Gewebeband (Baumarkt, Drogerie) oder ökologisches Verpackungskle- beband (Baumarkt)
› Stift
› Untertasse

So geht's

1. Lösen Sie sämtliche Befestigungen und Klebestreifen vom Karton, sodass Sie schließlich ein flaches Pappstück vor sich liegen haben.
2. Falten Sie den Karton zu einem Dreieck zusammen und fixieren Sie die Kanten gut mit Gewebeband. Klappen Sie die Rückseite zu und fixieren Sie diese ebenfalls mit Gewebeband. Überstehende Pappe in Form schneiden.
3. Nutzen Sie die Untertasse als Scha- blone und schneiden Sie auf einer Kartonseite je nach Platz zwei, drei Löcher hinein.

Diesen Fisch werden alle Katzen lieben. Ein bequemer Rückzugsort aus dem absoluten Lieblingsmaterial unserer Miezen: Karton.

Lebe lieber ungewöhnlich

Manchmal kann es ganz einfach sein, den persönlichen Geschmack mit den Bedürfnissen unserer vierbeinigen Mitbewohner zu kombinieren.

Möglichkeiten auf den zweiten Blick: Ungewöhnliche Katzenhöhlen lassen sich überall entdecken.

Schwarze Katzen und die Kirche

Bis heute verfolgt das Mittelalter schwarze Katzen, die in Deutschland immer noch häufiger im Tierheim landen und schlechter vermittelt werden. Während der Inquisition wurden sie mit der dämonischen unsichtbaren Welt in Zusammenhang gebracht. Vermutlich auch wegen der Fähigkeit, sich fast lautlos zu bewegen und plötzlich wie aus dem Nichts zu erscheinen. In England gelten schwarze Katzen spätestens seit dem Bruch mit der katholischen Kirche als Glücksbringer. 1649 beklagte Charles I. beim Tod seiner schwarzen Katze, dass ihn sein Glück verlassen habe. Recht hatte er. Einen Tag später wurde er verhaftet, des Hochverrats angeklagt und hingerichtet.

Nicht nur Kartons eignen sich wunderbar, um daraus Katzenverstecke zu basteln. Im Grunde lässt sich aus allem, was groß genug für Katzen ist, ein Bett oder eine Höhle für die Pelzknäuel herstellen. Einem alten Schrank droht der Sperrmüll? Lackieren Sie die Schubladen neu, befestigen Sie die Kästen an der Wand. Schnell noch ein paar Kissen oder Decken rein und fertig ist das einzigartige Katzenbett. Im Keller staubt ein alter, kultiger Rechner vor sich hin? Der gibt eine formidable Katzenhöhle ab, wenn die Größe für Ihre Schnurrer passend ist und das Innenleben entfernt wurde. Beim Entkernen helfen Ihnen anschauliche Schritt-für-Schritt-Anleitungen im Netz oder Sie lassen den Fachmann bzw. -frau in einem Computerfachgeschäft ran. Sie lieben Möbel aus vergangenen Jahrzehnten? Ein ausgehöhltes Röhrenradio bietet ein komplett neues Programm, wenn es von einer Katze erobert wird. Eine alte Kommode erwacht mit frischer Farbe und neuen Knäufen zu neuem Leben, reservieren Sie eine Schublade für Ihre Katzen. Vielleicht mögen sie es.

Lassen Sie Ihrer Phantasie freien Lauf – fast nichts ist unmöglich. Praktisch: Wenn die DIY-Projekte zu abgerockt oder langweilig geworden sind, entsorgen Sie alles entweder umweltgerecht oder verstauen es für eine gewisse Phase. Bei der erneuten Präsentation nach einiger Zeit ist es kurzfristig wieder neu und spannend für die Katzen.

Alte Liebe rostet nicht

Ein eher unscheinbares Möbelstück, das sich blitzschnell zu einem Katzenmobiliar ummodeln lässt, ist ein Waschunterschrank. Der Ausschnitt für das Abflussrohr des Waschbeckens ist in der Regel groß genug für Katzen, um bequem ins Innere zu krabbeln. Der Schrank kann mit relativ geringem Aufwand der eigenen Ästhetik angepasst werden. Zudem lässt er sich leicht reinigen. Praktisch und schön. Was will man mehr.

Das brauchen Sie

› 1 Waschtischunterschrank
› 1 passendes Kissen oder Decke
› Ganz nach Geschmack: Lack, Farbroller und -wanne und Türknäufe (alles: Baumarkt)

› Eventuell: Stichsäge und Schleifpapier (beides: Baumarkt, hier gibt es häufig einen Ausleihservice für Maschinen)

So geht's

1. Drehen Sie den Schrank so um, dass die Türen nach oben zeigen. Der Ausschnitt für das Abflussrohr wird damit zum Eingang der Katzenhöhle. Sollte er nicht groß genug für Ihre Samtpfoten sein, erweitern Sie ihn mithilfe einer Stichsäge. Schleifen Sie mögliche Kanten glatt.
2. Verschönern Sie das Möbel entsprechend Ihrem persönlichen Geschmack.
3. Schnell noch ein Kissen oder eine flauschige Decke reinlegen und fertig ist eine einzigartige Katzenhöhle!

Haustiger

Wissenschaftliche Untersuchungen der Katzen-DNA aus verschiedenen Epochen der letzten 9000 Jahren zeigten, dass sich wilde und domestizierte Katzen kaum in ihrem Erbgut unterscheiden. Die für das Tabby-Muster verantwortliche Mutation trat nicht vor dem Mittelalter bei domestizierten Katzen auf, war allerdings erst im 18. Jahrhundert so verbreitet, um mit Hauskatzen assoziiert zu werden. Jede Mieze besitzt ein Gen für das Tabby-Muster, ob gefleckt oder getigert, selbst, wenn sie einfarbig wirkt. Kleine Kätzchen weisen oft eine Geisterzeichnung im einfarbigen Fell auf, die im erwachsenen Alter verschwindet. Schwarze Samtpfoten besitzen die Tigerzeichnung, die aber nur bei einem ganz bestimmten Lichteinfall sichtbar ist.

Manchmal muss man etwas nur auf den Kopf stellen und schon ergeben sich unerwartete Möglichkeiten für neue Katzenhöhlen.

Wie man sich bettet, so liegt man

Wer so viel schlummert und stilsicher entspannt wie die Katze, weiß etwas Bequemes zum Relaxen sehr zu schätzen. Dabei verblüfft der unangepasste Geschmack der Samtpfoten immer wieder.

Meiner Erfahrung nach lieben unsere vierbeinigen Mitbewohner riesige Kissen, je größer desto besser. Aber Sie wissen ja: Es gibt bei Katzen immer diese eine berühmte Ausnahme, die jede Regel auf den Kopf stellt und in keine Kategorie passt. Lassen Sie sich von den Vorlieben Ihrer Miezen überraschen und lassen Sie sie entscheiden, was sie am besten finden.

Katzen sind nicht nur Jäger, sondern auch Gejagte und damit stets auf der Suche nach Schutz und Sicherheit. Ein Schlafplatz bietet neben Gemütlichkeit und Komfort vor allem Zuflucht und Geborgenheit und davon stellt doch jeder sehr gern lieber zu viel als zu wenig zur Verfügung.

Katzenkissen

Das brauchen Sie

> 1 Kissen
> 1 Fleecedecke oder T-Shirt, von der Größe passend zum Kissen
> Schere, Stift, Lineal

Tolle Knoten: Etwas Neues für seine Samtpfoten lässt sich ganz einfach ohne ausgefeilte Nähkünste erschaffen.

So geht's

1. Legen Sie den Stoff doppelt, platzieren Sie das Kissen mittig drauf und schneiden Sie ihn mit einer Randzugabe von ungefähr 15 cm zum Kissen ab.
2. Schneiden Sie etwa 3 cm breite Fransen jeweils bis kurz vorm Kissen rundherum an, an den Kissenecken schräger werden. Verknoten Sie jeweils ein oberes und ein unteres Fransenstück mit einem Doppelknoten. Wenn alles verknotet ist, flugs noch die Fransen auf die gewünschte Länge kürzen.

Alles eine Frage der Perspektive: Ein Kissen kann einen spannenden Ausblick bieten oder einfach ein Platz zum Schlummern sein.

Kuschelkissen: Pulli reloaded

Es wird mal wieder Zeit, den Kleiderschrank auszumisten? Vielleicht eine gute Gelegenheit, aus einem alten, mittlerweile untragbaren Pullover etwas Kuscheliges für die Katzen zu zaubern.

Das brauchen Sie

> 1 alten Pullover
> Schere
> Stecknadeln (Kurzwarenabteilung)
> Nähzeug (Kurzwarenabteilung)
> Füllwatte (Bastelgeschäft) oder Kleidungsstücke zum Befüllen

So geht's

1. Den Pullover auf links drehen und die Kopföffnung zunähen. Wieder auf rechts wenden. Eine Linie unterhalb der Ärmel quer über die Brust mit Stecknadeln abstecken und einmal daran entlangnähen.
2. Die Ärmel an den Seiten festnähen, dabei die Ärmelöffnungen aussparen, die für das Füllen benötigt werden. Nun die Ärmel mit dem Füllmaterial stopfen. In die Bauchpartie kann ein Kissen gesteckt werden oder es wird mit Füllwatte bzw. alten Kleidern befüllt.
3. Den unteren Rand des Pullovers zunähen. Die beiden Ärmelenden miteinander vernähen.

Einfacher als es aussieht: Aus dem alten Lieblingspulli mit Nadeln und Faden einen kuscheligen neuen Lieblingsplatz für die Fellnasen gestalten.

Die Früchte der Arbeit ernten – macht natürlich extra Spaß, wenn das tolle selbst gemachte Kuschelkissen so gut ankommt.

Traumreise

Das brauchen Sie

> 1 ausrangierten Koffer
> 1 passendes Kissen oder Decke
> Eventuell: Stoff, doppelseitiges Klebeband, Schere, Tacker

So geht's

1. Einfacher geht's kaum: Deckel auf, Kissen oder Decke rein, aufstellen und fertig!
2. Wenn die Fütterung des Koffers nicht Ihrem Geschmack entspricht, bringen Sie Stoff Ihrer Wahl mithilfe des doppelseitigen Klebebands an. Noch stabiler wird es, wenn Sie zusätzlich alles festtackern.

Ab in die Kiste

Das brauchen Sie

> 1 Gemüse- oder Weinkiste
> 1 passendes Kissen oder Decke
> Eventuell: Schmirgelpapier, Farbe, Farbroller (alles Baumarkt)

So geht's

1. Glätten Sie mögliche raue Stellen und scharfe Kanten mit Schmirgelpapier.
2. Gefällt Ihnen die Kiste in ihrem Original-Zustand? Prima, dann einfach nur noch ein Kissen oder eine kuschelige Decke reinlegen und schon ist alles fürs Relaxen Ihrer Miezen bereit.
3. Mit ein wenig Farbe lässt sich jede noch so schlichte Kiste dem persönlichen Geschmack anpassen.

Heilsames Schnurren

Verletzungen und Knochenbrüche heilen bei Katzen schneller als bei anderen Säugetieren. Schnurren regt die Muskulatur an, sich in Bewegung zu setzen. Dies wirkt so auf die Knochen ein, dass sie zum Wachstum angeregt werden. Bei Tests in der bemannten Raumfahrt konnte durch den Einsatz der Katzenschnurr-Frequenz der durch mangelnde Bewegung bedingte Knochenabbau vermindert werden. Da besteht Hoffnung für die Behandlung von Osteoporose.

Koffer packen und nichts wie weg? Warum – zu Hause ist es eindeutig am schönsten!

Mehrzweckmöbel für unsere Pelznasen: praktisch und gut.

Kann denn Chillen Sünde sein?

Das brauchen Sie

› 1 ausreichend großes Möbelstück ohne Türen (z.B. Regalschrank)
› Doppelseitiges Klebeband (Baumarkt)
› Tacker (Baumarkt)
› Sisalseil, 8 mm oder stärker (Baumarkt)
› Selbstklebende Klettbänder (Kurzwarenabteilung)
› Schere
› 2 passende Kissen oder Decken

TIPP

Sichtgeschützter wird es für die Stubentiger, wenn Sie einen Vorhang anbringen. So können sie beobachten, ohne (vermeintlich) gesehen zu werden.

So geht's

1. Lassen Sie beim Zusammenbau des Schranks eine eventuell vorgesehene Rückseite weg oder entfernen Sie diese bei einem vorhandenen Möbelstück.
2. Umwickeln Sie das Möbel an einer Seite im oberen Drittel sorgfältig mit dem doppelseitigen Klebeband. Binden Sie das Seil straff über dem doppelseitigen Klebeband fest. Enden bei Bedarf festtackern.
3. Schneiden Sie acht gleich lange Abschnitte der selbstklebenden Klettbänder passend zu der Breite des Mobiliars zurecht. Sie benötigen je zwei Bänder pro Kissen oder Decke für den oberen und unteren Bereich.
4. Jetzt noch ratzfatz die Kissen oder Decken mithilfe der Klettbänder auf dem Möbel anbringen. Fertig!

Probier's mal mit Gemütlichkeit

Katzen sind die wahren Balu-Bärchen, die jeden Tag aufs Neue die Ruhe und Behaglichkeit eines heimeligen Zuhauses mit ausreichend Rückzugsmöglichkeiten zu schätzen wissen.

Katzen lieben heimelige Mulden fast ebenso sehr wie Kartons. Hier ist es kuschelig und beim Zusammenrollen bleibt die Welt draußen. Ein neugieriger Blick über den Rand ist geschützt: Von hier aus kann man beobachten, ohne (scheinbar) gesehen zu werden.

Swinging cats

Das brauchen Sie

> 1 stabilen Karton
> Stift, Lineal
> 1 Fleecedecke
> Schere oder Cuttermesser
> Doppelseitiges Klebeband (Baumarkt)
> Gewebeband (Baumarkt, Drogerie) oder ökologisches Verpackungsklebeband (Baumarkt)

So geht's

1. Ober- und Unterseite des Kartons zukleben, achten Sie auch auf hochstehende Pappteile und befestigen Sie diese mit dem Gewebeband am Karton. Falls nötig, ausgerissene Ecken mit Gewebeband verstärken.
2. Zwei Seiten des Kartons jeweils mit einem Rand von 5 cm ausschneiden. 5 cm lange Schlitze mit einem Abstand von 10 cm zur Oberseite in die Kartonsäulen schneiden.
3. Den Fleecestoff passend zur Kartongröße mit einer Zugabe von ungefähr 10 cm zurechtschneiden. Fleece durch die Schlitze ziehen, die Ecken des Stoffes einmal einschneiden und fest verknoten. Den Karton nach Geschmack dekorieren.

Hier kommen einige Dinge zusammen, die Katzen mögen: Ein Karton, die gemütliche Hängematte und alles sichtgeschützt. Prima!

Einfach mal abhängen

Das brauchen Sie

> 1 stabilen Karton
> Doppelseitiges Klebeband (Baumarkt)
> Gewebeband (Baumarkt, Drogerie) oder ökologisches Verpackungs-klebeband (Baumarkt)
> Lineal
> Schere oder Cuttermesser
> 1 Fleecedecke
> Tacker (Baumarkt)

So geht's

1. Die oberen Deckelseiten des Kartons komplett in den Innenbereich ein-klappen und gut mit dem Gewebe-band festkleben. Ausgerissene Ecken eventuell ausbessern und verstärken.
2. Den Karton auf den Stoff stellen und mit einer Randzugabe von gut 15 cm zurechtschneiden.
3. Mit dem doppelseitigen Klebeband den oberen Kartonrand umwickeln und den Stoff fest verspannt anbrin-gen. Zur Verstärkung eventuell zusätzlich tackern.
4. Den Karton nach eigenem Gusto weiter gestalten.

Variation: Double Feature

Zweifach Spaß: Hier lässt es sich vor-trefflich in der Kartonhängematte abhängen oder sicher in der Höhle beobachten.

Das brauchen Sie

> Stift, Schere oder Cuttermesser
> Kuchenteller

So geht's

Nutzen Sie den Kuchenteller als Schab-lone und schneiden Sie ein Loch in den unteren Kartonbereich. Das war's auch schon.

Eine gemütliche Mulde zum Abhängen der Samtpfoten ist schnell hergestellt und lädt zum behaglichen Chillen ein.

Hula-Hoop

Das brauchen Sie

> 1 Hula-Hoop- oder anderen stabilen Reifen
> 1 passende Fleecedecke
> Sisalseil, 8 mm oder stärker (Baumarkt)
> Schere, Lineal

So geht's

1. Den Stoff doppelt legen, den Reifen mittig darauf platzieren und rundherum mit einer Zugabe von ungefähr 15 cm zurechtschneiden.

2. Etwa 3 cm breite Fransen bis kurz vor dem Ring anschneiden – komplett um den Reifen. Legen Sie nun ein Stoffstück unter, eines über den Reifen und verbinden Sie immer einen der oberen mit einem unteren Fransen mit einem Doppelknoten. Kürzen Sie die Fransen danach auf die gewünschte Länge.

3. Verknoten Sie das Sisalseil an drei Stellen sehr sorgfältig und fest am Reifen (dabei sollten die Abstände zwischen den Knoten ungefähr gleich groß sein, sodass später der Reifen am Seil nicht in Schieflage gerät), verschlingen Sie die losen Ende zu einem stabilen Knoten.

4. Jetzt nur noch aufhängen und los geht's!

Eine entspannende Liegemöglichkeit in leicht erhöhter Position kommt bei einigen Katzen sehr gut an.

TIPP

Wenn die Hängematte zu sehr schwingt, die Unterseite vor der Befestigung der Sisalseile mit einem Stein beschweren. Dazu zum Beispiel den Stein vor dem Verknoten in den Stoff legen. Dann schaukelt es sich so richtig gemütlich.

Easy-peasy Hängematte

Hängematten für Katzen sind platzsparend, bieten einen erhöhten Ausblick und sind eindeutig mal etwas anderes zum felinen Chillen.

Das brauchen Sie

› 1 kleine Leinwand, mindestens ca. 30 cm × 40 cm
› Stoff
› Schere, Lineal
› Doppelseitiges Klebeband (Baumarkt)
› Tacker (Baumarkt)
› Sisalseil, 8 mm oder stärker (Baumarkt)

So geht's

1. Schneiden Sie in jede Ecke der Leinwand ein 1,5–2 cm großes Loch.
2. Positionieren Sie die Leinwand auf den Stoff, sodass Sie diesen mit einer Randzugabe von 5 cm passend zurechtschneiden können.
3. Legen Sie den Stoff über die Leinwand und kleben ihn in einem ersten Schritt mit dem doppelseitigen Klebeband an den Innenseiten an, dort, wo die Leinwand festgetackert wurde. Bei Bedarf den Stoff festtackern.
4. Schneiden Sie aus dem Sisal vier gleich lange Stränge. Ziehen Sie jeweils ein Seil durch ein Loch und verknoten Sie den jeweiligen Strang auf der Unterseite äußerst fest. Verbinden Sie die einzelnen Sisalbänder zu einem dicken, sehr stabilen Knoten. Schnell alles aufhängen, um gemütlich abzuhängen.

Let's go shopping!

Ihnen fehlt die Zeit zum Basteln, Sie wollen aber trotzdem das Angebot für Ihre pelzigen Freunde erweitern? Kein Problem, die Lösung bietet der Fachhandel.

Karlie Fensterplatz: Ein erhöhter und gleichzeitig kuscheliger Aussichtsort direkt am Fenster – das gefällt einigen Katzen. Die Hängematte wird einfach mit Saugnäpfen am Fenster angebracht, die tatsächlich bombig halten, wenn die Oberfläche sauber ist und Sie die Anbringung penibel austesten und überprüfen. Die Drahtseile sind bissfest. Das Produkt ist auf ein Gesamtgewicht von 12 kg ausgelegt; das reicht für zwei Katzen oder ein staatliches felines Exemplar. Der Bezug lässt sich leicht lösen und ist bei 30 Grad waschbar.

Willkommen zu Hause

Scratch around the clock

Wenn das Interieur den kätzischen Ansprüchen nicht entspricht,
wissen sich die Tiere zu helfen – nicht immer zu unserer Freude.

Jeder Stubentiger hat 18 Krallen, die als Kletter- und Sprunghilfe und beim Greifen, Fangen und Festhalten von Beute dienen.

Mit Sicht- und Geruchsmarken zeigen Katzen ihren Artgenossen, wo sie leben und in welcher Stimmungslage sie sind. Marken werden regelmäßig an markanten Stellen gesetzt, sowohl im Revier draußen als auch im heimatlichen Territorium. Kratzmarken wirken akustisch, olfaktorisch und optisch. Die mit den Pfoten angebrachten Pheromone besitzen keine große Reichweite, die gut sichtbaren Kratzmarken wirken besser: Katzen können diese Art der Nachrichtenübermittlung auch noch Tage später lesen.

Keine Katze ohne Kratzen

Neben dem Anbringen der wichtigen Kratzmarken werden beim Wetzen die Krallen gepflegt. Die Klauen sind optimal fürs Klettern, Kämpfen und das Festhalten von Beute ausgelegt. Diese einzigartigen Utensilien müssen selbstverständlich gepflegt werden. Die Krallen sind normalerweise eingezogen, wenn sie nicht gebraucht werden – eine einzigartige Fähigkeit im Tierreich. Aufgrund dessen werden sie nicht stumpf und müssen beim Kratzen auch nicht geschärft werden, wie vielfach angenommen wird. Beim Kratzen werden vielmehr die alten Krallenhüllen abgestreift, wenn sie ausgedient haben, wobei die funkelnagelneuen scharfen Krallen darunter zum Vorschein kommen. Die Hinterpfoten werden sauber geleckt und mit den Zähnen die alten Hüllen abgezupft und abgekaut. Hier wird nicht gekratzt.

Scratchmania
Bei vielen „Futterspendern" geht die Angst um, dass die Krallen in unerwünschte Stellen versenkt werden. Dass der Lieblingssessel oder die frisch

tapezierte Wand in ein neues, nicht eben erwünschtes Design überführt wird. Was geht beim Kratzen genau vor sich?

Je nach Vorliebe der Katze wird horizontal, vertikal oder schräg gekratzt. Dabei stellt sich das Tier immer auf die Hinterbeine und kratzt mit den Vorderpfoten. Ganz nebenbei wird dabei der Einzieh- und Ausstreckmechanismus der Krallen trainiert und gekräftigt.

Kratzmarken finden sich meistens in der Nähe der Schlaf- und Ruheplätze oder liegen sehr zentral. Natürlich sucht sich dabei die kluge Katze nicht den unscheinbaren Beistelltisch aus, sondern zielt direkt auf die markanten Objekte der Umgebung, also das Sofa, den Sessel oder die Stühle. Allerdings nur, wenn diese zusätzlich mit einem verlockenden Material verführen. Denn manchmal trifft schlicht und einfach das Material des Kratzobjektes nicht den individuellen Katzengeschmack. Die Samtpfoten arbeiten erfolgsorientiert, es muss schnell ein sichtbarer Treffer gelandet werden. In der freien Natur wählen sie Bäume oder Objekte aus, an denen die Kratzspuren klar zu erkennen sind. Wenn Ihre Mieze die wunderbare Kratzmöglichkeit aus Sisal links liegen lässt, mag sie vielleicht einfach das Material nicht. Die „Dosenöffner" kaufen Sisal und denken: „Ah, Sisal – stabiles Zeugs. Da muss die Katze lange kratzen, bis man was sieht. Sehr gut" – die Pelznase denkt vielleicht: „Ah, Sisal – stabiles Zeugs. Da muss ich lange kratzen, bis ich was sehe. Sehr doof." Möglicherweise spielt das Gefühl des Zerfetzens des Stoffes zusätzlich eine große Rolle. Einige Rinden oder Fasern wirken unwiderstehlich

auf Katzen, so wie wir unbedingt Luftpolsterfolie zerdrücken müssen, wenn wir sie zwischen die Finger bekommen. Bezüge, die sofort Fäden ziehen oder Raufasertapete, die nach kurzem Kratzen direkt Spuren hinterlassen, geben der Mieze ein sofortiges Erfolgserlebnis und vermutlich obendrein ein wunderbares taktiles und haptisches Gefühl. Wahrscheinlich sind deswegen bei vielen Katzen Kratzmöbel aus Pappe beliebt, ebenso wie Kokosmatten, sehr weiches Holz wie Kiefer oder Material aus Bananenblättern.

Beim Kratzen kommt es also auf das Lieblingsmaterial, die Kratzausrichtung und die Platzierung an. Erstaunlich, wie etwas scheinbar so Alltägliches und Normales für die Katze so unterschiedliche, sehr persönliche Vorlieben und Kombinationen hervorbringen kann. Aber keine Bange – Sie finden die persönliche Leidenschaft Ihres vierbeinigen Mitbewohners sicherlich heraus.

Sensible Samtpfoten

· ·

Mechanorezeptoren an den Pfotenballen sorgen für eine erhöhte Vibrationssensibilität, sodass Katzen tatsächlich fähig sind, mit ihren Pfoten zu „hören". So sind selbst taube Katzen in der Lage, Mäuse beim Laufen in ihren Gängen wahrzunehmen. Vermutlich ist diese extreme Empfindlichkeit ein Grund, warum Katzen frühzeitig auf Naturkatastrophen wie Erdbeben reagieren.

· ·

Schnecke

Das brauchen Sie

›   1 Karton oder Pappe
›   Schere, Stift und Lineal
›   Lösungsmittelfreier Bastelkleber
    oder -leim (Bastelbedarf)
›   Band Ihrer Wahl, z.B. Wollreste,
    Paketschnur oder T-Shirt-Stoff-
    streifen

So geht's

1. Entfernen Sie sämtliches Plastik
    und alle Klebebänder vom Karton,
    schneiden Sie ungefähr 2–3 cm
    breite Pappstreifen aus.
2. Rollen Sie die einzelnen Streifen
    zu einer festen Schnecke zusam-
    men. Fixieren Sie die Pappstücke
    zwischenzeitlich immer wieder mit
    Bastelleim.
3. Wenn die Schnecke die erwünschte
    Größe hat, verkleben Sie zum
    Schluss das Endstück gut und
    umwickeln alles fest mit einem
    Band.
4. Wenn der Bastelleim gut vertrock-
    net ist, kann das Krallenwetzen
    beginnen.

Variation: Karton im Karton

Das brauchen Sie

›   1 Karton, mindestens 30 × 15 cm
›   Pappe
›   Stift, Schere und Lineal
›   Lösungsmittelfreien Bastelkleber
    oder -leim (Bastelbedarf)

So geht's

1. Entfernen Sie sämtliches Plastik
    und alle Klebebänder, kürzen Sie
    den Karton auf eine Höhe von etwa
    3 cm.
2. Schneiden Sie Pappstücke in der
    Breite und Höhe des Kartons
    zurecht. Benutzen Sie am besten
    ein Pappstück als Schablone für die
    restlichen Stücke.
3. Geben Sie den Bastelleim auf den
    Boden und die Seiten des Kartons
    und stapeln Sie die Pappstreifen sehr
    eng und straff aneinander.
4. Alles in allem eine gute Tätigkeit
    für einen verregneten Sonntagnach-
    mittag.

Aus Alt(-Papier) mach Neu: Selbst gemachte Kratzmöglichkeiten bieten eine gute Möglichkeit, Pappe und Kartons upzucyceln.

Platz ist in der kleinsten Hütte

Es kann verschiedene Gründe geben, zu Hause alternative Kratzmöglichkeiten anzubieten. Vielleicht fehlt schlicht und einfach der Platz für diverse Kratzbretter und -tonnen oder das Design der üblichen Kratzmöglichkeiten entspricht nicht dem persönlichen Geschmack.

Das brauchen Sie

> 1 Karton von mindestens 0,5 cm Stärke oder normale Pappe, doppelt geklebt
> Schere oder Cuttermesser
> Doppelseitiges Klebeband (Baumarkt)
> 1 dünne Kokos- oder Sisalmatte
> Stift und Lineal
> Geschenkpapier oder Tapete zum Verzieren
> Trinkglas
> Eventuell: Tesastripes (Drogerie oder Baumarkt)

So geht's

1. Schneiden Sie den Karton in den Maßen 15 × 50 cm aus.
2. Nutzen Sie das Trinkglas als Schablone, um im oberen Drittel des Kartons einen Kreis aufzuzeichnen und schneiden Sie das Loch entsprechend aus.
3. Jetzt die Pappe ganz nach eigenem Gusto verzieren, also mit Geschenkpapier oder Tapete bekleben. Das Loch natürlich aussparen.
4. Schneiden Sie die Kokos- oder Sisalmatte in den Maßen 15 × 35 cm zurecht und kleben Sie sie gut dem doppelseitigen Klebeband auf der Pappe fest.
5. Hängen Sie das Kratzbrett an einen Türknauf. Eventuell alles noch zusätzlich mit Tesastripes am Türrahmen befestigen.

Weltbester Schnurrer

Kater Merlin aus dem englischen Torquay ist der König der Schnurrer. Mit imponierenden 67,8 dB schnurrt er fast so laut wie ein Rasenmäher und sicherte sich einen Eintrag im „Guiness Buch der Rekorde". Hauskatzen schnurren normalerweise mit einer Lautstärke von 25 dB.

Platzsparer

Das brauchen Sie

> Sisalseil, 8 mm oder stärker (Baumarkt)
> Doppelseitiges Klebeband (Baumarkt)
> Schere
> Eventuell: Tacker (Baumarkt)

So geht's

1. Sie sparen definitiv Platz, wenn Sie Tisch- oder Stuhlbeine in eine Kratzmöglichkeit umwandeln. (Bedenken Sie bitte, dass das Klebeband das Möbel beschädigen kann.) Sie können eine vorhandene Stehpflanze umfunktionieren, wenn sie groß und stabil genug für eine krallenwetzende Katze ist.
2. Doppelseitiges Klebeband anbringen und danach sehr fest den Sisal darüberbinden.

Kratzmöglichkeiten an unterschiedlichen Stellen zu Hause anzubieten kann unerwünschtem Kratzen entgegenwirken.

Catisfaction

Katzen sind von Kopf bis Fuß aufs Putzen eingestellt – das gehört und muss in ihre Welt. Streicheln berührt und besitzt viele positive Eigenschaften für Mensch und Katze gleichermaßen.

Die berühmte „Katzenwäsche" entspricht in Weise und Funktion nicht ansatzweise dem berüchtigten Ruf der kurzen, nicht besonders gründlichen Reinigung. Katzen wenden täglich zehn bis dreißig Prozent ihrer Zeit für die Körperpflege auf. Früh übt sich: Bei jungen Kätzchen zeigt sich direkt nach der Geburt ein Putzinstinkt, ab der zweiten Woche beginnen sie damit, sich eigenständig zu säubern. Bei der Katzenhygiene wird nicht nur der Pelz von Verschmutzungen oder Gerüchen gereinigt und geschmeidig gehalten, auch die

Sonnenanbeter

Bei neugeborenen Kätzchen ist neben dem Geruchssinn besonders das Wärmeempfinden entwickelt. Die Wärmerezeptoren neben der Nase verraten den erst einmal blinden und tauben Winzlingen, wo sich Mutter und Geschwister befinden, an die man sich kuscheln muss, um lebenswichtige Wärme zu tanken. Die Wärmeliebe bleibt ein Leben lang erhalten. Ihr Fell kann sich auf über 50 °C aufheizen, ohne Schaden zu nehmen. Trotzdem sollte es natürlich immer ein schattiges Plätzchen zum Abkühlen geben.

Talgdrüsen der einzelnen Haarzellen werden stimuliert, wodurch das Fell imprägniert und die Haut vor Wasser geschützt wird. Ein zerzauster Pelz schützt schlecht vor Kälte und macht anfälliger für Infektionen. Im Sommer übernimmt die Pflege des Haarkleides die Funktion einer Klimaanlage: Katzen haben, ebenso wie Hunde, keine über den Körper verteilten Schweißdrüsen. Da Hecheln nur wenig Abkühlung verschafft, verteilen Katzen möglichst viel Speichel auf ihrem Körper – der verdunstet und schützt so vor Überhitzung. Die Samtpfoten putzen sich im Sommer dementsprechend noch öfter als im Winter.

Putzen macht Freude

Erstaunlicherweise hilft die Körperhygiene der Katze sogar dabei, emotional ausgeglichen zu bleiben, da dabei Endorphine ausgeschüttet werden. Diese sogenannten „Glückshormone" wirken entspannend und lösen Angst. Wird eine Katze an der Fellpflege gehindert, weil sie vielleicht eine Halskrause tragen muss oder leider so dick ist, dass sie sich nicht mehr selbstständig am ganzen Körper putzen kann, kann das großen Stress

Typisch Katze: Täglich ausgiebiges Putzen sowie umfassendes Schlafen und Ruhen müssen einfach sein.

auslösen, der sich mit der Zeit weiter verstärkt. Stellen Sie sich mal vor, wie quälend es ist, sich nicht kratzen zu können, wenn es juckt. In Konfliktsituation leckt sich eine Mieze kurz übers Mäulchen oder putzt sich – wir berühren uns im Gesicht oder am Kopf. Gegenseitiges Putzen unterstützt die Tiere dabei, soziale Spannungen abzubauen oder Freundschaften zu festigen.

Ordnung muss sein

Die Reihenfolge beim Putzen ist immer gleich: Von vorn nach hinten. Dabei kommt vorwiegend die raue Zunge zum Einsatz, mit der das Fell intensiv abgeleckt wird. Im Kopf- und Gesichtsbereich wird die Pfote mit Speichel benetzt und wie ein Waschlappen benutzt, da hier die Zunge nicht hinkommt.

Geputzt wird nach den Mahlzeiten, vor und nach Ruhe- oder Schlafphasen. Die meisten Katzen fangen zudem direkt nach dem Streicheln mit einer intensiven Fellpflege an. Zum einen muss das Haarkleid gerichtet werden. Außerdem ist der eigene Geruch von unserem Odeur überdeckt worden – ob Katzen sich nun reinigen, um möglichst schnell wieder den Eigengeruch herzustellen oder ob sie unseren Geschmack mögen – wer weiß, vielleicht trifft beides zu.

Putzige Haken

Jede Katzenzunge besitzt etliche winzige Widerhaken, von denen jeder einzelne Haken beweglich ist und sich beim Putzen aufstellt. Auf diese Weise kann sogar hartnäckiger Schmutz entfernt oder verknotete Haarbüschel gelöst werden. Nach der Körperpflege liegen die Widerhaken flach an und werden zur Reinigung der Zunge in Richtung Rachen abgestreift. Sicherlich der Grund, warum Haarbüschel ausgespuckt werden.

Dafür lieben wir sie einfach: Das gemeinsame Kuscheln ist für viele „Dosenöffner" das Beste am Zusammenleben mit den Samtpfoten.

Schmusekätzchen

Die meisten Katzen lieben das Kuscheln mit ihren „Dosenöffnern" – vorausgesetzt, es wird gekuschelt, wenn sie Lust dazu haben. Es gibt unersättliche Schmusekatzen, die gar nicht genug gestreichelt werden können, anderen reicht eine flüchtige Berührung.

Über das Kuscheln werden Bindungen hergestellt, das enge Aneinanderschmiegen durchmischt Düfte und sorgt für einen gemeinsamen Gruppengeruch, der den Zusammenhalt stärkt und ein Sicherheitsgefühl vermittelt. Knuddelt Ihr Stubentiger mit Ihnen, behandelt er Sie wie einen Artgenossen und zeigt Ihnen seine Zuneigung. Präsentiert er Ihnen Kinn oder Bauch, beweist er Ihnen damit sein Vertrauen, egal ob er sich an dieser Stelle gar nicht, kurz oder lang streicheln

lässt. Der Hals und die empfindliche Bauchregion gehören zu den Bereichen, die Katzen schützen und in der freien Natur selten zeigen.

Streicheln geht den Schnurrern im wahrsten Sinne unter die Haut: Jedes einzelne Haar ist mit Mechanorezeptoren gekoppelt, die Umweltinformationen ans Gehirn weitergeben. Schmusen senkt bei vielen Miezen den Puls und führt zu einer Muskelentspannung. Ähnlich positiv geht's auf der menschlichen Seite zu: Blutdruck und Pulsfrequenz sinken, das Glückshormon Serotonin wird ausgeschüttet. Kuscheln: Auf ganzer Linie eine klassische Win-Win-Situation.

Should I stay or should I go?

Katzen werden immer wieder als heimtückisch und falsch diffamiert, wohl vor allem deshalb, weil einige von ihnen in einem Augenblick lieb kuscheln und dann scheinbar aus dem Nichts heraus aus der Haut fahren und zur Kratzbürste mutieren. Vermutlich steckt eine Überreizung dahinter: Gemeinsame Nervenbahnen für das angenehme Gefühl des Streichelns und für Schmerz sorgen für dieses ambivalente Verhalten. Stellen Sie sich folgendes vor: Es juckt, das Kratzen lindert und tut gut. Wenn aber immer weiter an derselben Stelle gekratzt wird, ist es nicht nur unangenehm, sondern wird sich bald sogar schmerzhaft anfühlen.

Katzen zeigen an, wenn es ihnen zu viel wird. Allerdings kommunizieren sie häufig aus menschlicher Sicht so subtil, dass die passenden Signale von ihren „Schmusestationen" übersehen werden können. Einige Stubentiger drehen sich

einfach weg, andere stehen auf und entfernen sich – das sind recht eindeutige Signale. Manche versteifen nur ihren Körper, es gibt die, bei denen einzig die Schwanzspitze zuckt, während bei anderen Tieren der gesamte Schwanz wild hin- und herpeitscht. Einige Katzen legen ihre Pfote auf die Hand, manche heben ihre Tatze warnend. Manchmal gibt es einen Biss in die Hand, meist sehr zart, was diesem Signal den liebevollen Namen „Liebesbiss" eingebracht hat.

Achten Sie auf diese Signale, hören Sie lieber zu früh als zu spät mit dem Kuscheln auf, auch wenn's noch so schön ist. Wird die Ankündigungsphase der Katze immer wieder ignoriert, kann es sein, dass sie auf immer aggressivere Weise versucht, das Streicheln zu stoppen und dabei lernt, dass Fauchen, Knurren, Kratzen und ein nicht mehr ganz so sanfter Biss die einzigen Möglichkeiten sind, wie sie aus der Schmusekiste rauskommt. Außerdem kann es sein, dass sich die Ankündigungsphase so sehr verkürzt, dass es wirkt, als ob die Mieze wie aus dem Nichts grundlos zuschlägt.

Mochten Sie es, als kleines Kind zu lange von Ihrer Verwandtschaft gedrückt, geknuddelt und abgeknutscht zu werden? Sehen Sie.

Samtpfotige Therapie

Miezen helfen gegen Depressionen, bei der Stressbewältigung und sind pure Entspannungswunder. Wissenschaftlich nachgewiesen ist, dass der Umgang mit Katzen den gleichen wohltuenden Effekt wie psychologische Entspannungsmethoden besitzt.

Fellnesscenter

Putzen und Bürsten regt die Durchblutung an, was den Haarausfall verringern kann. Fellwechsel finden meistens im Herbst und Frühjahr statt, wobei reine Wohnungskatzen allgemein weniger haaren – auch, wenn das im Zusammenleben oft ganz anders wirkt.

Das brauchen Sie

> 1 lange Heizkörperbürste, 75 cm
> 1 Gemüsebürste oder Nagelbürste mit glatter Rückseite
> Extrastarken Kleber (Baumarkt)
> Holzbrett, 50 × 50 cm (Baumarkt, Zuschnitt hier möglich)

So geht's

1. Biegen Sie die Heizkörperbürste zu einem Bogen, den Sie zusammen mit der zweiten Bürste auf das Holz kleben.
2. Hinstellen und „Heureka!" – fertig!

Variation: Platzsparende Fellpflege

Das brauchen Sie

> 1 Gemüsebürste oder Nagelbürste mit glatter Rückseite
> Extrastarken Kleber (Baumarkt)

So geht's

Befestigen Sie die Bürste mithilfe des Klebers an einer Wandecke oder an einem Tisch- oder Stuhlbein. Ihre Katze wird sich bestimmt gern daran reiben.

Haarig

Die Haardichte der Katzen liegt bei beeindrucken-den 25.000 pro Quadratzentimeter im Schnitt. Zum Vergleich: Hunde kommen auf 1000 bis 9000 Haare, der Mensch auf 175 bis 350 je Quadratzentimeter.

Manchmal kann es so einfach sein, seinen Katzen eine weitere Möglichkeit zur Fellpflege zu bieten.

Splish-Splash

Der durchschnittliche Flüssigkeitsbedarf einer Katze liegt bei 60–80 ml pro Kilogramm Körpergewicht – abhängig von der Nahrung, der individuellen Aktivität und Temperatur der Umgebung.

Einen Großteil ihres Flüssigkeitsbedarfs decken Katzen über die Feuchtnahrung ab. Trotzdem müssen sie zusätzlich trinken, um Erkrankungen der Harnwege oder Nieren vorzubeugen. Das ist besonders wichtig, wenn hauptsächlich Trockenfutter verspeist wird. Um das Trinkverhalten zu stimulieren, bieten Sie am besten an mehreren Stellen Wasser an und achten Sie darauf, dass Futter und Wasser an unterschiedlichen Plätzen konsumiert werden.

Trink, trink, Pelznase, trink

Das brauchen Sie

> 1 standfeste Schale
> 1 kleine PET-Trinkflasche mit Deckel
> Vorstecher, spitze Schere oder kleines, scharfes Küchenmesser

So geht's

1. Bohren Sie ungefähr 2,5–5 cm vom Flaschenboden aus gesehen sehr vorsichtig ein minimales Loch in die Flasche. Die Höhe der Öffnung hängt davon ab, wie hoch das Wasser in der Schüssel stehen soll.

2. Halten Sie das Loch zu, während Sie die Flasche mit Wasser befüllen. Schrauben Sie den Deckel gut zu und stellen Sie die Flasche in die Schale. Jetzt noch schnell Wasser bis zur Höhe des Lochs in die Schüssel einfüllen.

3. Ein Hoch auf den Unterdruck! Dieser verhindert, dass die Schale sich unkontrolliert mit dem Wasser aus der Flasche füllt. Sinkt das Wasserlevel, füllt sich wieder so viel Wasser in die Schale, bis das Loch erneut mit dem Nass bedeckt ist.

Eine sehr einfache Möglichkeit, eine PET-Flasche upzucyceln und seinen Miezen eine weitere Trinkmöglichkeit zu Hause zu bieten.

Dieser simple Trinkbrunnen eignet sich besonders gut im Mehrkatzenhaushalt oder auch an heißen Tagen.

Man muss wirklich kein übermäßig begabter Bastelmensch sein, um diesen tollen Trinkbrunnen für seine Samtpfoten zu zaubern!

Viele Katzen lieben das sprudelnde Nass. Finden Sie doch einfach heraus, ob es bei Ihren Miezen auch so ist!

Sprudelndes Nass

Das brauchen Sie

> 1 Blumentopf aus Ton
> 1 standfeste Schüssel oder Unter-
> setzer aus Ton (Größe passend zum
> Blumentopf)
> 1 Trinkbrunnenpumpe (12 Volt)
> (Internet, Zoofachhandel)
> 1 Schlauch (Baumarkt), Durchmesser
> 10 mm
> Schere

So geht's

1. Bringen Sie den Schlauch am Aus-
gang der Pumpe an, führen Sie ihn
durch die Öffnung des Tontopfes
und schneiden Sie ihn über dem
Rand ab.

2. Stellen Sie den Topf mit der Pumpe
kopfüber in die Schüssel oder den
Tonuntersetzer, lassen Sie dabei das
Kabel sicher über den Rand hängen
Füllen Sie Wasser in das Behältnis,
schließen Sie den Strom an und –
c'est ça!

Löffelweise

Wie wissenschaftlich nachgewiesen wurde, bauen Katzen
mit ihrer Zunge eine Wassersäule auf, in die sie kurz rein-
beißen und so mit der zu einem Löffel geformten Zunge
Wasser aufnehmen. Dabei bleiben an den Fadenpapillen, die
sich millionenfach auf der Zunge befinden, Wassertropfen
hängen und können so weitertransportiert werden.

Willkommen im Grünland

Frei laufende Katzen knabbern draußen an unterschiedlichen Gräsern, in der reinen Wohnungshaltung und im Winter fehlt der grüne Stoff.

Katzen brauchen für ihr Wohlbefinden nicht nur Vitamine und Mineralstoffe, sondern auch Ballaststoffe – diese sind wichtig für ihre Verdauung. All das bietet Gras. Mit selbst gezogenem Grün gibt es Nähr- und Ballaststoffe und Beschäftigung in einem. Da wird aus mancher Katze eine kleine Kuh.

Kleiner Einsatz, große Wirkung: Frisches Grün zum Riechen und Beknabbern ist gerade bei reiner Wohnungshaltung wichtig.

Katzengras ohne Erde ziehen

Das brauchen Sie

> 1 Gefäß Ihrer Wahl
> Material zum Befüllen: Kiesel, Muscheln oder Murmeln
> 1 ungebleichten Kaffeefilter
> Katzengras (Baumarkt, Gartencenter, Zoofachhandel)

So geht's

1. Füllen Sie das Gefäß ungefähr ¾ mit Kieseln, Muscheln oder Murmeln und legen Sie den Kaffeefilter oben drauf, sodass alles gut bedeckt ist. Einen kleinen Rand nach oben frei lassen.
2. Eine dünne Schicht der Saat gleichmäßig auf den Filter geben und das Gefäß mit Wasser bis zum Kaffeefilter füllen. Achten Sie darauf, dass Sie in den ersten Tagen immer bis zum Filter Wasser nachfüllen und zwar so lange, bis die Wurzeln sprießen. Da die Körner schneller keimen, wenn sie ein wenig aufgeweicht sind, ist eine geringe Überwässerung in den ersten Tagen nicht so schlimm. Wenn's grünt, Staunässe vermeiden.
3. Nach 7–10 Tagen ist das Gras bissfest!

Variation: Grashüpfers Freude

Das brauchen Sie

> 1 flache Schale
> Biologische Wattepads
> Katzengras (Baumarkt, Gartencenter, Zoofachhandel)

So geht's

Wenn Sie eine flache Schale zum Bepflanzen haben, legen Sie eine Schicht Wattepads aus und verteilen die Saatkörner ebenmäßig darauf. Jetzt noch alles gut wässern und warten, bis es sprießt. Zwischenzeitlich immer ausreichend gießen, Staunässe vermeiden.

TIPP

Am besten eignet sich sehr feine und kleinkörnige Saat (1 mm), die sehr fest wurzelt.
Achten Sie bei Glasgefäßen oder Keramikschüsseln besonders auf Standfestigkeit, damit bei heftigen Knabbereien nichts umfällt und zu Bruch geht.

Auf der grünen Wiese

Das brauchen Sie

› 1 kleinen Regalschrank oder Kommode (Mindestmaße: 35 × 35 × 70 cm) ohne Türen
› Katzengras (Baumarkt, Gartencenter, Zoofachhandel)
› Wasserfeste, stabile Folie
› Doppelseitiges Klebeband (Baumarkt)
› Kräutererde (Blumenfachhandel)
› Tacker (Baumarkt)
› Bohrmaschine (Baumarkt, hier gibt es meistens einen Ausleihservice)
› Oberfräse (Baumarkt, häufig mit Ausleihservice)
› Sisalseil, 8 mm oder stärker (Baumarkt)
› Selbstklebende Klettbänder (Kurzwarenabteilung)
› Kissen oder Decke
› Eventuell: Stoff als kleiner Vorhang

So geht's

1. Lassen Sie beim Zusammenbau des Schranks eine eventuell vorgesehene Rückseite weg oder entfernen Sie diese bei einem vorhandenen Möbelstück.
2. Wickeln Sie im oberen Drittel doppelseitiges Klebeband um eine Seite des Schranks. Das Sisalseil sehr fest und eng auf dem Klebeband andrücken. Verstärken Sie die Enden eventuell, indem Sie sie festtackern.
3. Bohren Sie vorsichtig ein kleines Loch in die obere Platte des Schrankes. Gehen Sie mit der Oberfräse in die Bohrung und sägen von hier aus vorsichtig eine Fläche für das Gras aus, die maximal die Hälfte der Gesamtlänge des Schrankes umfasst. Achten Sie darauf, kein Loch durch die Platte zu bohren!
4. Befestigen Sie die Folie in der Höhlung mit dem doppelseitigen Klebeband. Wenn nötig, zusätzlich am Rand vorsichtig tackern.
5. Die Erde einfüllen und das Katzengras nach Anweisung aussäen und wässern.
6. Schneiden Sie 8 Klettbänder auf die Breite des Schrankes zurecht. Kleben Sie je 2 der Bänder auf den oberen und unteren Teil des Schrankes und verwenden Sie 2 Klettbänder pro Kissen oder Decke. Bringen Sie die Kissen oder Decke mit dem Klettmaterial rutschfest auf dem Möbel an.
7. Wenn Sie möchten, können Sie die untere Katzenhöhle mit Stoff verhängen.

Multifunktional: Ganz nach feliner Lust und Laune lässt es sich hier chillen, beobachten, Gras knabbern oder kratzen.

Forever fun

Alleinunterhalter

Wenn man weiß, was und wie Katzen in der freien Natur jagen und dieses Wissen in abgewandelter Form ins Haus übernimmt, müssen sich die Stubentiger auch während unserer Abwesenheit nicht langweilen.

„Wer nicht neugierig ist, erfährt nichts." Dieser Spruch ist dem guten Goethe vielleicht beim Beobachten seiner Katze eingefallen. Katzen haben ein untrügliches Ortsgedächtnis. Bei ihren täglichen Kontrollrunden durch ihr Revier entgeht ihnen nicht die kleinste Veränderung. Katzen orientieren sich dabei visuell, auditiv und besonders olfaktorisch. Diese gesamten Eindrücke fügen sich zu einem kognitiven Plan zusammen, der den Katzen hilft, sich in ihrer Umwelt zu orientieren. Die Position aller Dinge ist dabei so exakt, dass die Pelznasen mit geschlossenen Augen zurechtkommen könnten. Der Platz eines Objektes ist mit einer Bestimmung gekoppelt. Wechselt der Gegenstand den Ort, verliert sich die bisherige Bedeutung. Das kann problematisch werden, wenn etwa die Toilette umgestellt wird und am neuen Standort nicht mehr angenommen wird. Das heißt jetzt aber nicht, dass sich gar nichts in der Wohnumgebung verändern darf. Wichtig sind grundsätzlich stabile Strukturen, die einige Veränderungen zulassen, sodass die Umgebung weiterhin neugierig erkundet werden kann. Auf diese Weise werden die kognitiven und territorialen Bedürfnisse der Miezen respektiert. So schwer ist die Umsetzung aber nicht. Wir verändern schließlich nicht täglich komplett jeden Raum in unserer Umgebung. Denn auch wir haben Schwierigkeiten, uns an Neues zu gewöhnen: Wenn unser neues Bad eine völlig andere Aufteilung hat, haben wir durchaus gewisse Startschwierigkeiten, uns zurechtzufinden. Gerade in Situationen, wo wir nicht hellwach sind, etwa nachts.

Sind Sie auf Achse, gibt es einiges, auf das Sie achten können, damit sich Ihre Katzen spielend allein beschäftigen und sich von Ihrer Abwesenheit ablenken können. Beim *„Enviromental Enrichment"* wird das heimische Terrain spannender und anregender gestaltet: Ein toller Kratzbaum, spannende Aussichten am Fenster, verschiedene Klettermöglichkeiten, Verstecke, Jagdmöglichkeiten und ein passender Kumpel sind ganz nach Katzengeschmack.

Beim „*Enviromental Enrichment*" können die Katzen in den eigenen vier Wänden ihre natürlichen Verhaltensweisen ausleben.

Trautes Heim, Glück allein?

Katzen werden häufig immer noch für Einzelgänger gehalten. Sie jagen allein, was bei der geringen Größe ihrer Beute sinnig ist, haben aber ansonsten sehr gern Gesellschaft um sich. Frei laufende Hauskatzen suchen sich gezielt Freunde, mit denen sie sich auf ihren Streifzügen rumtreiben. Einige kätzische Kumpels holen sich sogar gegenseitig von zu Hause ab, um auf Tour zu gehen.

Von einer zweiten passenden Katze profitieren die meisten Samtpfoten, es lässt sich wunderbar zusammen schmu-sen, spielen, streiten, chillen und Zeiten überbrücken. Selbstredend ganz nach individuellem Bedarf und persönlichem Geschmack. Nicht immer liegen die Minileoparden wie im Katzenkalender zusammen, sondern schlummern an vollständig unterschiedlichen Bereichen in der Wohnumgebung.

Artgenossen sind die beste und einfachste Versicherung gegen Langeweile und ihre möglichen Folgeprobleme. Kätzische Gesellschaft würde fast allen Samtpfoten guttun, die länger als vier, fünf Stunden täglich allein bleiben müssen.

Gewusst wie: Bringen Sie mit simplen Dingen sehr einfach Abwechslung ins Leben Ihrer vierbeinigen Freunde.

Game of home

Beutetiere zu entdecken, zu belauern und zu jagen ist Teil der territorialen Spaziergänge eines Freigängers. Ein Leben ohne Jagd wäre stinklangweilig für die geborenen Häscher. Bieten Sie ihnen während Ihrer Absenz die Möglichkeit zur spielerischen Pirsch in den eigenen vier Wänden.

Form follows function: Je mehr ein Spielzeug der natürlichen Beute entspricht, desto eher kann es ein Spielverhalten auslösen. Zusätzlich zum Beuteschema sollte es leicht mit den Pfoten bewegt werden können und nicht zu laut sein.

Mäuse gehören eindeutig zu den beliebtesten Beutetieren, aber auch Insekten, Blindschleichen, Geckos und was sich so im jeweiligen Lebensbereich der Katzen findet, steht auf dem Speiseplan. Eine Maus ist ungefähr daumengroß, orientieren Sie sich bei der Auswahl der Spielwaren an diesem Umfang. Zu großes Spielzeug fällt nicht nur aus dem Beutespektrum raus, sondern kann sogar ängstigen: Nicht jede Samtpfote ist ein Löwenherz und jagt Ratten. Neben dem richtigen Spielzeug lässt sich noch einiges tun, damit das Leben während der Stunden ohne menschliches Personal spannender wird: Wenn die Spielbeute einfach auf dem Boden rumliegt, ist das eher öde – die Spannung des Aufstöberns fehlt. Entdeckt die Katze den Fang hingegen auf ihren gewohnten Runden durchs heimische Revier, wird es aufregender. Verstecken Sie also Altbewährtes, Neues, Leckerlis oder Trockenfutter auf den festen Routen Ihres Tigerchens im Revier und geben Sie ihm etwas zum Auffinden. Wecken Sie das „Trüffelschwein" in Ihrer Mieze. Bringen Sie doch mal etwas vom nächsten Spaziergang mit und lassen Sie es den Haustiger auf seinen heimischen Streifzügen entdecken: Eicheln, Walnüsse, Haselnüsse, Bucheckern oder kleine Federn entsprechen perfekt der Beutegröße. Wenn Sie Federn mit heißem Wasser abspülen, brauchen Sie sich übrigens überhaupt keine Sorgen wegen der Hygiene zu machen. Mitbringsel wie Laub, Heu, kleinere Äste, Muscheln, Steine, Sand oder Blätter erzählen Geschichten vom Leben draußen. Die Katzen können dieses Panoptikum der Düfte mit ihren sehr guten Nasen erschnüffeln.

Einsame Katzen

Die wenigsten Katzen sind tatsächlich nicht kompatibel zu Artgenossen. Es handelt sich in der Regel um Tiere, die viel zu früh von ihrer Mutter und den Geschwisterkatzen getrennt wurden. Sie konnten die kätzische Kommunikation im Gruppenverband nicht richtig lernen und wirken daher auf Artgenossen aggressiv, weil sie auf deren Beschwichtigungssignale nicht adäquat reagieren (können). Je länger Kätzchen bei ihrer Mutter und den Geschwistern bleiben dürfen, desto besser. Der früheste Zeitpunkt der Trennung liegt bei 12 Wochen. Kätzchen sollten immer direkt zusammen mit Artgenossen leben, am einfachsten gelingt das mit Wurfgeschwistern.

Walking on funshine

Selbstgemachtes oder gesammelte Dinge zum Spielen sind toll, man weiß genau, wo sie herkommen und was in ihnen steckt. Manchmal fehlt aber einfach die Zeit dafür. Gut, dass es auch wunderbare Dinge zu kaufen gibt, die perfekt zum Spielen geeignet sind:

›   Kleine Filzkugeln (Bastelladen, Durchmesser: 1,5 cm): Diese Bälle lassen sich leicht und schnell durch die Gegend schießen, können nicht verschluckt werden und sind nicht gefährlich, wenn sie ins Maul genommen werden.

›   Erdnüsse mit Schale haben die richtige Größe, sind leicht und flitschen hervorragend.

›   Nudeln wie Maccaroni oder Spiralnudeln, selbstverständlich ungekocht, haben ebenfalls den perfekten Umfang. Sollte eine Katze mal daran knabbern, ist das nicht so wild.

›   Spielmäuse ohne Plastikinnenteil, -augen und -nasen sind ein Evergreen aus dem Zoofachhandel.

›   Spielbälle springen aufregend. Wenn die Bälle zu künstlich riechen, lieber im Laden liegen lassen. Eventuell wurden hier Weichmacher verarbeitet.

Wenn Sie kurzentschlossen blitzschnell etwas basteln möchten, freuen sich die Katzen über:

›   Kleine, sehr feste Papierbälle. Bitte nicht aus Zeitungspapier, das kann bei Feuchtigkeit abfärben und eventuell ungesund sein.

›   Halbierte Weinkorken springen etwas unkontrollierter und sind damit spannender.

›   Ausgepackte Tampons mit gekürztem Band.

›   Deokugeln aus ausgedienten Behältnissen.

Wild kind?

In einem einwöchigen Versuch untersuchte die BBC 50 Katzen mithilfe spezieller Katzenkameras. Es zeigte sich, dass die Tiere lediglich 20 % ihrer Zeit draußen verbrachten, einige gingen gar nicht vor die Tür. Insgesamt wurden 20 Beutetiere erledigt, im Schnitt ein halbes Beutetier pro Katze. Deutlich weniger als erwartet. Ein ähnlicher Test des SWR brachte vergleichbare Ergebnisse. Mehr Tiere als erwartet schlugen in den Nachbarshäusern beim Futter richtig zu – eine modifizierte, neue Art der Pirsch.

Allein gegen die Zeit

Eine Umgebung, die den Bedürfnissen der Katze entgegenkommt, ist nicht nur artgerecht, sondern überbrückt durchaus kleine zeitliche Längen. Gerade während Ihrer Abwesenheit ist Sicherheit (siehe dazu auch ab Seite 12) besonders wichtig, da Sie eben nicht schnell eingreifen können.

› Beobachten Sie Ihre Katze immer beim Spielen mit neuen Spielzeugen, bevor Sie sie damit allein lassen. Vielleicht treten Probleme auf, mit denen Sie nicht gerechnet hätten.

› Qualität ist das A & O: Achten Sie auf die Materialien – entfernen Sie scharfe Kanten, kleinste Plastikteile oder leicht lösbare Dinge. Achten Sie bei Kunststoff darauf, dass die Katzen es nicht anknabbern können. Holz sollte nicht splittern.

› Adieu Tristesse: Bewahren Sie Spielzeug, das mit der Zeit dröge geworden ist, an einem unzugänglichen Ort auf, z.B. in einer Kiste mit Deckel. Wenn Sie es nach einer gewissen Weile erneut präsentieren, ist es erst einmal wieder interessant.

› Weniger ist mehr: Selbstverständlich braucht Ihr pelziger Kumpel etwas zum Herumkicken und Jagen, wenn er Lust zum Spielen hat und Sie nicht da sind. Aber zu viele Anreize können das Gegenteil bewirken.

› Such- und Denkspiele: Da sich unsere Hauskatze viel ihres wilden Erbes bewahrt hat, geht sie mit ungebrochener Leidenschaft auf die Pirsch. Such- und Denkspiele schaffen während Ihrer Abwesenheit einen guten Ersatz für die Jagd.

Schön hier!

Hauskatzen haben sich als einziges Heim- und Nutztier selbst domestiziert. Während der Jungsteinzeit hielten sie sich in der Nähe der landwirtschaftlichen Gemeinschaften auf, wo es Mäuse und Ratten in Hülle und Fülle gab – vom Getreide und weiteren Ernteerzeugnissen angelockt. Alle anderen Tiere in unserer Umgebung wurden ausgewählt, damit sie spezifische Aufgaben erfüllen. Katzen musste man nicht ändern, weil sie perfekt sind, so wie sie sind.

Spielzeug für einsame Stunden

Viele Spielzeuge sind ratzfatz aus Dingen hergestellt, die Sie meistens sowieso im Haushalt haben. Testen Sie einfach mal aus, was bei Ihrer Katze am besten ankommt.

Federleicht

Das brauchen Sie

› Selbst gesammelte Federn
› Schere, Stift und Lineal
› Band Ihrer Wahl, z.B. Wollreste, Paketschnur oder T-Shirt-Stoff-streifen
› Pappe

So geht's

1. Schneiden Sie ein Stück Pappe in der Größe 2,5 × 6–8 cm zurecht.
2. Umwickeln Sie jeweils eine Feder sehr fest in einem Pappstück und verknoten Sie alles sehr stabil mit dem Band.

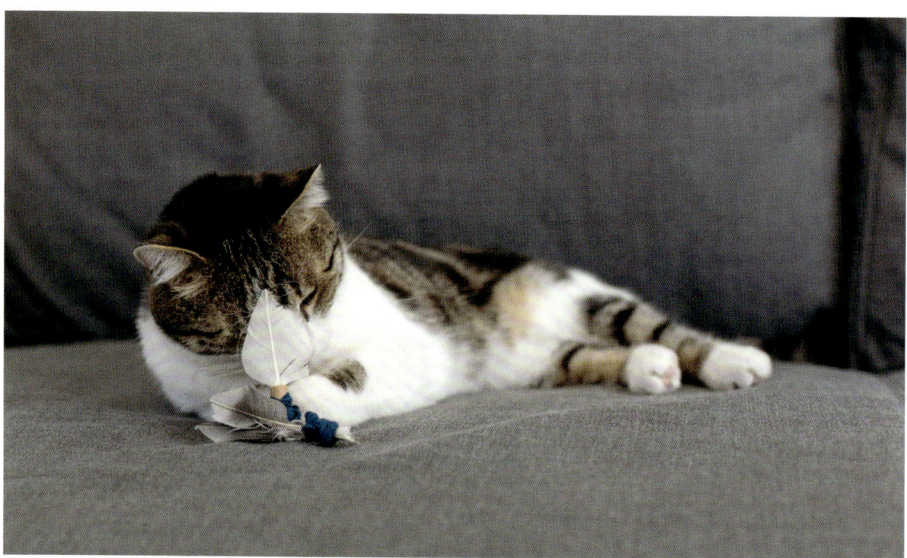

Weniger ist manchmal mehr: Selbst gesammelte Federn, ein Stück Pappe und ein Band ergeben ein einfaches, aber effektives Spielzeug.

TIPP

Sollten die Federn zu groß sein, bringen Sie sie einfach mit einer Schere in Form.
Achtung bei gekauften Federn: Die Herkunft ist oft nicht nachvollziehbar, zudem können bunte Federn für den Verzehr ungeeignet oder gar giftig sein.

Variation: Federball

Das brauchen Sie

› 3–5 kleine bis mittelgroße Federn
› Band Ihrer Wahl, z.B. Wollreste, Paketschnur oder T-Shirt-Stoffstreifen
› Eventuell: Schere und Lineal

So geht's

1. Binden Sie die Federn sehr fest mit dem Band am Schaft zusammen und drehen Sie die Federn so, dass sie von innen nach außen einen Bogen bilden.
2. Schneiden Sie die Federkiele kurz vor dem Band ab.
3. Falls nötig, kürzen Sie die Federn auf eine Länge von 5–6 cm.

Wirklich simpel und blitzschnell hergestellt: Ein kleiner Pompon aus Wolle.

Kleiner Pompon

Das brauchen Sie

› 1 Tafelgabel
› Wolle oder Wollreste
› Schere

So geht's

1. Die Wolle um die ganze Breite der Gabel wickeln, einen Faden mittig um das Material binden und straff verknoten.
2. Die Wolle von der Gabel runterziehen und vorsichtig die Seiten um den mittigen Knoten aufschneiden. Alles auf die gewünschte Länge kürzen und das war's auch schon.

Diese tollen Rollen bieten eine sehr unkomplizierte, aber effektive Beschäftigung für unsere Haustiger.

Der Ball ist rund

Das brauchen Sie

> 1 leere Toilettenpapierrolle
> Schere, Stift, Lineal
> Zum Befüllen: Leckerlis, Trocken-futter oder kleine Feder

So geht's

1. Schneiden Sie 4 etwa fingerbreite oder 1,5–2 cm breite Ringe aus.
2. Stecken Sie einen Ring in den ande-ren und geben Leckerlis, Trocken-futter oder eine kleine Feder hinein. Hinlegen und voilà – fertig!

Doppelhelix

Das brauchen Sie

> 1 leere Toilettenpapierrolle
> Schere, Stift und Lineal

So geht's

1. Schneiden Sie Ringe von 1 cm Breite aus und trennen Sie diese einmal mittig durch.
2. Drehen Sie den Pappstreifen fest zu einer kleinen Schnecke zusammen, die Sie dann an beiden Enden vorsichtig auseinanderziehen. Eventuell drücken Sie die Enden leicht zusammen, sodass sich eine leichte Spiralform ergibt.

Schleife

Das brauchen Sie

> 1 leere Toilettenpapierrolle
> Schere, Stift und Lineal
> Wollreste, Paketschnur oder T-Shirt-Stoffstreifen

So geht's

1. Schneiden Sie 0,5–1 cm breite Pappstreifen von der Toilettenrolle ab.
2. Legen Sie einen Pappstreifen zu einem Ring, drücken ihn in der Mitte zusammen und binden Sie ihn mit dem Band zusammen. Eventuell ein wenig in Form zupfen.

Ein einfaches und doch spannendes Spielzeug: stabil, aber biegsam. Klein, aber nicht verschluckbar. Leicht zu schleudern.

Die freundliche Spinne

Das brauchen Sie

> 1 Plastikring von PET-Trinkflaschen-Deckeln (ca. 2,5 cm Durchmesser)
> 1 ausrangiertes T-Shirt
> Schere, Stift, Lineal
> Eventuell: Klebeband (Drogerie oder Baumarkt)

So geht's

1. Falls nötig, kleben Sie den Ring mit Klebeband zusammen.
2. Schneiden Sie den Stoff in 8 × 8 cm gleich große Stücke, die Sie jeweils zu 1 cm breiten Streifen zurecht-schneiden.
3. Befestigen Sie die Streifen jeweils mit einem Doppelknoten rund um den Ring. Pro Plastikring benötigen Sie ungefähr 20 Streifen.

Variation: Ring-a-Ding

Das brauchen Sie

> 1 Plastikring von PET-Trinkflaschen-Deckeln (ca. 2,5 cm Durchmesser)
> 1 ausrangiertes T-Shirt
> Schere, Lineal
> Eventuell: Klebeband (Drogerie oder Baumarkt)

So geht's

1. Kleben Sie den Plastikring mit Klebeband zusammen, falls notwendig.
2. Schneiden Sie den Stoff in mindestens 1 cm breite, möglichst lange Streifen von 15 bis 20 cm Länge. Auf diese Weise benötigen Sie nicht sehr viele Streifen.
3. Verknoten Sie den jeweiligen Streifen sehr fest am Ring und wickeln ihn stabil um das gesamte Plastik. So lange wiederholen, bis kein Kunststoff mehr zu sehen ist.
4. Zum Schluss alles fest verzurren und den überschüssigen Stoff abschneiden.

Upcycling ist voll im Trend – finden auch viele Katzen, die tolles, neues Spielzeug zum Spielen bekommen.

Abwechslung gegen Langeweile zu schaffen kann ganz einfach sein. Ein kleiner Plastikring und etwas Stoff reichen schon aus!

Korkenzieher

Das brauchen Sie

> Pappe oder leere Toilettenpapierrolle
> Schere, Stift und Lineal
> Band Ihrer Wahl, etwa Wollreste,
  Paketschnur oder T-Shirt-Stoff-
  streifen

So geht's

1. Schneiden Sie die Pappe in den
   Maßen 3 × 5 cm zurecht und rollen
   Sie sie fest zu einer kleinen Stange
   zusammen.
2. Wickeln Sie ein Band Ihrer Wahl fest
   um die Mitte. Mehrmals verknoten.
   So leicht kann's sein!

Das aufregende Geräusch, wenn die einzelnen Pappscheiben aneinanderreiben, ist für viele
Katzen besonders spannend und beliebt.

Twister

Das brauchen Sie

> Pappe
> Schere, Stift
> 1 5-Cent-Stück
> Wollfaden oder Paketschnur (Baumarkt), Länge ca. 20 cm

So geht's

1. Mehrere Umrisse des Geldstückes auf der Pappe aufzeichnen und ausschneiden.
2. Bohren Sie mit der Schere vorsichtig in der Mitte eines jeden Stückes ein Loch.
3. Fädeln Sie vier Pappteile mit dem Wollfaden auf. Verknoten Sie vorn und hinten die Enden der Fäden ungefähr 3- bis 4-mal, schneiden Sie zu lange Enden ab.

Variation:
Aus die Maus

Das brauchen Sie

> Pappe
> Schere, Stift
> Je 1 1-, 2- und 5-Cent-Stücke
> Wollfaden oder Paketschnur (Baumarkt), Länge ca. 20 cm

Eine „Maus" aus Pappstücken, die aufregend knistert – das weckt ganz leicht den Jagdtrieb und regt zum Spielen an.

So geht's

1. Nutzen Sie die 1-, 2- und 5-Cent-Stücke als Schablonen. Für eine Spielmaus benötigen Sie jeweils vier Kreise der unterschiedlichen Größen. Bohren Sie in jedes Pappstück mittig vorsichtig ein Loch.
2. Fädeln Sie die Pappe in folgender Reihenfolge auf: 2 × 1-Cent-Größe, 2 × 2-Cent, 4 × 5-Cent, 2 × 2-Cent, 2 × 1-Cent.
3. An beiden Seiten vorn und hinten den Faden gut und fest verknoten. An einer Seite direkt über dem Knoten abschneiden, am anderen Ende ungefähr 4 cm lang stehen lassen, das Ende 1- bis 2-mal verknoten.

Knotenpunkt

Das brauchen Sie

> 1 ausrangiertes T-Shirt
> Schere, Stift, Lineal

So geht's

1. Schneiden Sie 4 × 9 cm große Stoffstücke aus.
2. Falten Sie jedes Stoffstück längs und verknoten Sie es mittig. Schneiden Sie links und rechts vom Knoten die Seiten so ab, dass Sie auf eine Gesamtlänge von 5–5,5 cm kommen.

Variation: Tentakel

Das brauchen Sie

> 1 ausrangiertes T-Shirt
> Schere, Lineal

So geht's

1. Schneiden Sie 6–8 dünne Streifen mit einer Länge von 10 cm aus.
2. Legen Sie die Streifen sternförmig übereinander (einen Streifen übriglassen). Verknoten Sie alles sehr fest mit dem letzten Stoffstück.
3. Verknoten Sie jeden einzelnen Stoffstreifen einmal kurz vor dem Ende.

Schnelle Schnurrer

Katzen schnurren pro Minute etwa 1500-mal. Jede Mieze schnurrt in ihrem Leben durchschnittlich 10.950 Stunden.

Mit einfachen Mitteln wird aus einem ausrangierten T-Shirt ganz schnell und sehr simpel ein interessantes Spielzeug.

Just like heaven

Widerstand ist zwecklos

Egal, wie schön der Tag auch immer war: Es gibt nichts Besseres, als am Ende des Tages mit dem Lieblingsmenschen zu spielen.

Früher nahm man an, dass Katzen sich nur an ihr Territorium binden. Mittlerweile ist es längst wissenschaftlich bewiesen, dass sie sehr enge Bindungen zu ihren Menschen aufbauen. Die Katze ist das einzige Heimtier, das eine enge Beziehung zu ihren „Dosenöffnern" besitzt und sich dennoch ihre Unabhängigkeit bewahrt.

Da wir zu Hause die Funktionen der Mutterkatze übernehmen, also das Nest sauber halten, pflegen und füttern, verhalten sich die Samtpfoten im Zusammenleben mit uns wie kleine Kätzchen. Sie miauen im felinen Familienverband, wenn sie sich verlassen fühlen oder frieren. Ein Alarmsignal für die Mutterkatze, die prompt reagiert. Wir reagieren gleichfalls sehr fix auf das Maunzen, da der klagende Laut eine ähnliche Frequenz wie ein schreiendes Baby besitzt. Katzen lernen schnell, wie und worauf ihre Besitzer bei bestimmten Geräuschen reagieren und wie sie auf optimale Weise manipuliert werden können. Hat sich ein bestimmtes Miauen als erfolgreich erwiesen, wird es selbstverständlich zukünftig weiter benutzt. Neben dem Maunzen wird auch das Schnurren zweckgebunden eingesetzt, indem ein hohes Miau in den tiefen Schnurrlaut eingebettet wird. Die Vokalisation von Hauskatzen unterscheidet sich von der wild lebender Katzen. Das kann ein Zeichen dafür sein, dass die Beziehung zum Menschen einen Einfluss auf die „Katzensprache" hat.

Purrfect

Eine Katzenmutter zeigt dem frisch geborenen und damit erst einmal blinden und tauben Nachwuchs durch Schnurren an, wo sie sich befindet. Kitten schnurren ab der ersten Lebenswoche. Ein Zeichen für die Mutter, dass mit ihnen alles in Ordnung ist.

Ein Freund, ein guter Freund

Bringen Katzen ihren „Schmusehänd-chen" Zuneigung entgegen, benehmen sie sich dabei exakt wie ihren Artgenossen gegenüber: Sie heben freundlich ihre Schwänze, reiben sich aneinander, sitzen neben den Menschen und putzen sie genauso, wie sie es untereinander tun.

Wir zeigen auf etwas, wenn wir uns unterhalten – typisch menschlich. Natürlich kommunizieren wir in gleicher Weise mit Miezen. Wir können halt genauso wenig aus unserer Haut wie die Samtpfoten.

Wissenschaftliche Studien zeigen, dass Katzen menschlichen Gesten folgen können, um Nahrung zu finden. Und nicht nur das: In unsicheren Situationen richten und wenden sie sich an ihre Vertrauenspersonen. Bei der „Sozialen Referenzierung" rückversichern Kinder sich bei ihren Eltern und lernen dabei etwa in unvertrauten Situationen, dass sie sich nicht fürchten müssen, wenn die vertrauten Menschen nicht ängstlich wirken. Katzen haben Menschen sehr

Katzen zeigen ihre Liebe ganz unterschiedlich: Durchs Köpfchengeben, den Milchtritt oder einfach dadurch, uns nah zu sein.

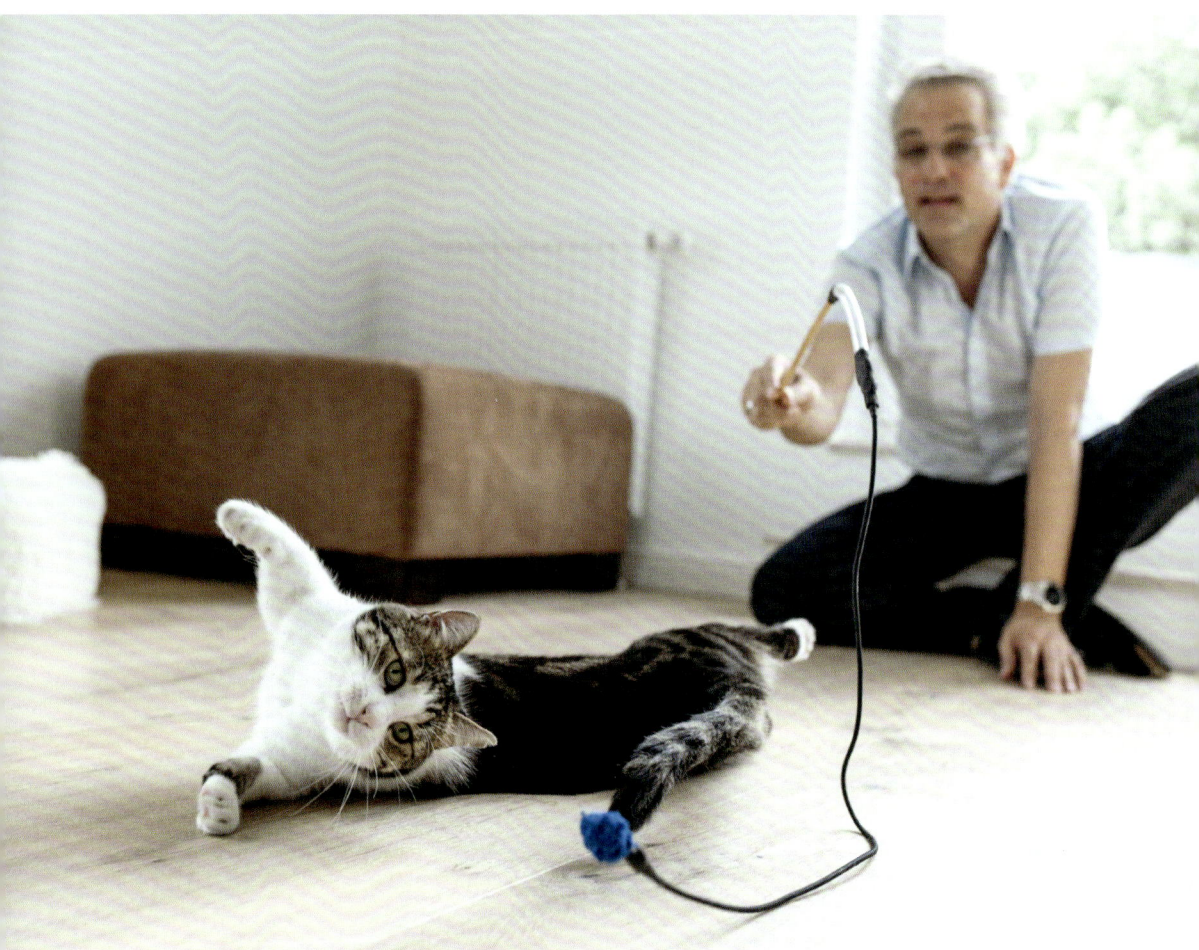

Spielen mit dem „Personal" ist eindeutig das Beste! Es schafft Vertrauen, sorgt für artgerechte Auslastung und macht Riesenspaß.

gut im Blick und reagieren auf ihre Emotionen – die Soziale Referenzierung gibt es also auch bei den Samtpfoten.

Hunde leben in Rudeln, Menschen im Familienverband – da finden sich einige Ähnlichkeiten. Katzen hingegen sind soziale Einzelgänger, die ihr Verhalten in menschenkompatibles Sozialverhalten abwandeln, das verlangt viel Anpas-

sungsfähigkeit. Nicht nur eine erstaunliche Leistung und Zeichen großer Intelligenz, sondern auch einer extrem schnellen Auffassungsgabe unseres liebsten Haustieres. Das Verhältnis von Mensch und Mieze hat laut dem Katzenforscher Dennis C. Turner alle Merkmale einer echten Sozialpartnerschaft: Je mehr der Katzenhalter die Wünsche seiner Schnurrer erfüllt (spielen, schmusen, reden, füttern), desto bereitwilliger erfüllen diese umgekehrt seine Wünsche. Wissenschaftliche Studien haben bewiesen, dass Menschen und Katzen mit den Jahren eine Beziehung entwickeln, die durchaus mit den Verhaltensmustern, Ritualen und Routinen eines alten Ehepaars verglichen werden können.

Manchmal wird die Beziehung zum Menschen etwas zu eng, was unter bestimmten Umständen zu einer Trennungsangst führen kann. Dabei können einige Faktoren eine spätere Angststörung begünstigen, beispielsweise eine zu frühe Trennung von der Katzenmutter. Natürlich entwickelt nicht jedes Tier mit einem erhöhten Risiko tatsächlich psychische Probleme.

Alles eine Frage der Zeit

Die enge Bindung zum Menschen bedeutet zuerst einmal, dass die Katze gern Zeit mit ihm verbringt. Da kommen zu viele Solozeiten natürlich nicht gut an. Vier bis fünf Stunden allein sind das tägliche Maximum für einen Stubentiger, der komplett ohne Artgenossen lebt. Mit zwei Tieren sieht das ein wenig anders aus – doch auch hier sollte es wirklich nicht jeden Tag länger als zehn maximal zwölf menschenfreie Stunden geben. Auch, wenn das Leben zu zweit weniger Langeweile für die Miezen und doppelte Freude für die „Dosenöffner" bedeutet.

Wenn auch die menschliche Abwesenheit in der Regel zum erholsamen Schlummern genutzt wird – natürlich verschlafen Katzen nicht die komplette unbegleitete Zeit. In den wachen Phasen ist Bewegung und Aktivität angesagt. Eine Umgebung mit attraktiven Spiel- und Beschäftigungsmöglichkeiten, ausreichend Rückzugsorten und interessanten Ausblicken kann die Zeit der Abwesenheit wunderbar überbrücken. Gut, denn so besteht kein zwingender Bedarf für die Maunzer, die „Hütte" vor lauter Langeweile auf den Kopf zu stellen. Doch die wunderbarste Umgebung und der beste Katzenkumpel kann eben nicht dauerhaft die Zeit mit dem „Futterspender" ersetzen.

Brigadier Broccoli

· ·

Die Tigerkatze bezog 2005 ihr Quartier in der schweizerischen Kaserne Lyss und wurde vor einigen Jahren ganz offiziell in den Dienst der Schweizer Armee aufgenommen. Damit ist Broccoli eine von drei registrierten Katzen der Schweizerischen Eidgenossenschaft. Ihre zwei pelzigen Kollegen sind ganz offiziell zur Mäusejagd „eingestellt" worden, während das Tigerchen ohne formelle Beschäftigung einfach dafür da ist, gute Stimmung zu verbreiten.

· ·

Simply the best

Spielen ist ein wunderbares Jagd-Surrogat in den eigenen vier Wänden. Die Spielangel kann dabei ganz simpel und effektiv die Beute simulieren. Einfacher und spaßiger geht's kaum!

Jagen ist eine der wichtigsten Tätigkeiten für frei lebende Katzen, die durchaus bis zu zehn Stunden des Tages einnehmen kann. Dabei werden über den gesamten Zeitraum zehn bis zwanzig Mäuse erlegt. Ohne die tägliche Jagd bleibt also viel Motivation und Energie in der reinen Wohnungshaltung übrig. Spielen ist dabei die beste Möglichkeit, dem perfekten Jäger die Pirsch der freien Natur zu ersetzen. Über den Tag verteilte Spielereien sorgen für eine gute Auslastung, mehrere kleinere Spieleinheiten bringen mehr als abends einmal ganz lange mit den Tieren zu spielen. Das

kommt der Natur der Schnurrer entgegen, die Sprinter, aber keine Marathonläufer sind und nach dem Spiel Zeit zur Regeneration benötigen. Spielen Sie, bevor Sie das Haus verlassen: Wer müde ist, treibt weniger Schabernack und ruht sich doppelt so gern während Ihrer Abwesenheit aus.

Spielen ist vergnüglich, es dient der Entspannung, es ist einfach die perfekte Ersatzbeschäftigung. Wenn Sie mit Ihren Katzen spielen, trainiert dabei aus Katzensicht die „Mutterkatze" die Kleinen spielend für die Jagd, die sie körperlich und geistig fit hält.

Wegen der engen Beziehung zum Menschen ist es einfach immer wieder aufs Neue das Schönste, wenn am Ende der Angel der geliebte Zweibeiner „hängt". Da kommt nun wirklich kein selbstrotierendes, automatisches Spielzeug gegen an.

Kleine Beißerchen

Die Beißhemmung hindert Geschwister daran, sich gegenseitig im Kampfspiel gefährlich zu verletzen. Bei der Jagd wird diese Blockade normalerweise überwunden. Wenn nicht, wird mit dem Beutetier nur herumgespielt. Die Hemmschwelle wird meistens dann aber doch gemäß dem Motto „jetzt oder nie" aufgehoben und die Maus getötet, wenn eine andere Katze sie wegschnappen will. Konkurrenz belebt das Geschäft.

Was macht eine gute Spielangel aus?

Je mehr Schlüsselreize eine Angel anspricht, desto reizvoller wird es. Je nachdem, was das Muttertier zum Nest gebracht hat, kann sich eine Vorliebe für bestimmte Beutetiere entwickeln:

Mäuse, Insekten, Vögel, Schlangen usw. Eine gute Spielangel entspricht also möglichst dem Schema der bevorzugten Beute. Zusätzlich spielt die Art des Spielens ebenfalls eine sehr wichtige Rolle. Wenn Sie mit Ihren Katzen spielen, bewegen Sie die Angel am besten wie die Beute, so werden weitere Sinne angesprochen und der Jagdtrieb ausgelöst. Dabei hilft oft ein großer Aktionsradius. Kleiner Vorteil für uns: Bei solchen Angeln müssen wir uns nicht zu viel bewegen, zudem schonen sie den Rücken. Katzen reagieren auf Bewegungen, die sich schnell aus ihrem Blickfeld wegbewegen. Eine Maus flüchtet und versteckt sich verständlicherweise immer vor Katzen. Kopieren Sie dieses Verhalten, indem Sie die Angel schnell über den Boden vor der Mieze „flüchten" lassen und die „Beute" hinter einer Ecke verstecken. Warten Sie ab. Die meisten Katzen kommen jetzt neugierig angerannt und setzen zum Sprung an. Verstecken Sie eine Angel unter einer Decke oder einem Handtuch – aus Katzensicht wird hier das Aufspüren einer Maus im Feld simuliert, wo die kleinen Nager in ihren Verstecken aufgestöbert werden müssen. Beim Spiel wechseln sich langsame Bewegungen wie Auflauern, Anschleichen mit schnellen Bewegungen ab. Es lastet nicht aus, sondern belastet eine Katze, wenn sie minutenlang wild hin- und herjagen muss, wie es häufig beim Spiel mit einem Laserpointer passiert. Hier fängt die Mieze nichts, was zu problematischen Verhaltensweisen führen kann – die Samtpfoten sind halt erfolgsorientiert. Nebenbei besteht immer ein gewisses Verletzungsrisiko für die Augen.

Das gemeinsame Spiel mit Ihren Samtpfoten ist einfacher als gedacht, wenn Sie einige Dinge dabei beachten.

Wichtig: Qualität geht immer vor Quantität! Eine gute Spielangel muss stabil verarbeitet sein. Was nützten der beste Schlüsselreiz und die wunderbarste Spielweise, wenn die Angel prompt auseinanderbricht. Das beendet nicht nur abrupt den Spielspaß, sondern kann auch ängstigen.

Katzen sind häufig vielen Situationen gegenüber toleranter und robuster, als angenommen. Bei einigen Sachen sind sehr viele Samtpfoten dann doch pingelig: Dazu gehören feste Abläufe für die Fütterung, die gemeinsamen Spiele und natürlich fürs Schmusen.

Zu guter Letzt: Vergessen Sie nicht, dass die Samtpfoten Ihre Emotionen lesen können. Wenn das Spiel für Sie nur eine lästige Pflichtübung ist, verliert auch die verspielteste Mieze ihren Spaß an der Freud'.

Angel dir eine!

Der Weg ist das Ziel: Beim Basteln für Katzen erfreuen bereits die Zwischenschritte, die von den Pelznasen gewissenhaft untersucht, kontrolliert und bespielt werden müssen.

Lederschnur-Angel

Das brauchen Sie

› 1 Holz- oder Bambusstab (Baumarkt, Bastelbedarf), Länge ca. 50 cm
› 1 Lederband, 150 cm lang
› Gewebeband (Baumarkt, Drogerie) oder Schrumpfschlauch (Baumarkt)
› Schere

Leder wirkt auf viele Katzen unwiderstehlich. Achten Sie darauf, dass die einzelnen Bänder sehr stabil und fest befestigt sind.

TIPP

Gewebeband ist in diversen Farben und Mustern erhältlich. Schrumpfschlauch gibt es in unterschiedlichen Farben und Größen (4,8–12 mm) als Sammelpack.

So geht's

1. Kürzen Sie das Lederband auf 100 cm. Befestigen Sie den langen Lederstreifen sehr fest am Stab mit Gewebeband oder Schrumpfschlauch.
2. Schneiden Sie aus dem verbleibenden Lederstreifen ungefähr vier gleiche Stücke. Zur Befestigung die Bänder zusammenfassen, das Endstück des langen Lederbandes in gleicher Länge den Stücken hinzufügen und alles sehr fest mit Gewebeband oder Schrumpfschlauch umwickeln.

Wie kam der Mensch auf die Katze?

Angeblich soll ein römischer Kaufmann seiner Frau ein Katzenjunges von einer seiner Reisen mitgebracht haben. Der *Cattar* (Mäusefänger, nicht gesichert) verzückte nicht nur blitzschnell die Römerin, sondern verdrängte in der ewigen Stadt mehr und mehr die bis dahin zur Mäusejagd eingesetzten Frettchen. Vermutlich auch deshalb, weil Katzen nicht so streng riechen.

Spielspaß garantiert eine artgerechte Angel, eine reizvolle Spielweise und last but not least Ihre gemeinsame Freude am Spiel!

Kinderleicht! Die richtige Angel bringt Spiel, Spaß und Spannung.

Schnurangel

Das brauchen Sie

> 1 Holz- oder Bambusstab (Baumarkt, Bastelbedarf), Länge ca. 50 cm
> 1 Gummikordel, 80 cm lang, Breite 3 mm (Nähbedarf)
> Gewebeband (Baumarkt, Drogerie) oder Schrumpfschlauch (Baumarkt)
> 1 Schlauch (Baumarkt), Durchmesser 10 mm, Länge 15 cm
> Schere
> 1 ausrangiertes T-Shirt

So geht's

1. Schieben Sie den Schlauch über den Stab und verbinden Sie die beiden Stücke sehr fest mit Gewebeband oder Schrumpfschlauch. Befestigen Sie die Gummikordel mit dem Klebeband oder dem Schrumpfschlauch an dem Schlauch.

2. Fransen Sie das Ende der Gummikordel ein wenig aus. Das wirkt besonders verlockend, weil es perfekte Insektengröße hat.

Variation: Pomponangel

Das brauchen Sie

› 1 ausrangiertes T-Shirt
› Schere, Lineal
› Tafelgabel

So geht's

1. Schneiden Sie aus dem Stoff 0,5 – 1,0 cm breite Streifen aus, verknoten Sie einige Stücke fest miteinander, sodass Sie eine lange Schnur erhalten. Schneiden Sie überstehende Teile ab. Sie brauchen eine Gesamtlänge von ungefähr 40 cm.

2. Wickeln Sie die T-Shirt-Schnur komplett um die Gabel, ziehen Sie einen Stoffstreifen mittig um das Gewickelte und verknoten Sie es sehr straff (siehe dazu auch Seite 71). Alles von der Gabel ziehen und vorsichtig die Seiten neben dem mittigen Knoten aufschneiden. Einen längeren Streifen überstehen lassen.

3. Das längere Stück des Pompons und die Gummikordel mit Gewebeband oder Schrumpfschlauch verbinden. Die Pomponfransen auf die gewünschte Größe kürzen. Je kleiner, desto eher entspricht es einer dicken Hummel.

Hemingway Katzen

In den 1930er-Jahren bekam der US-Schriftsteller Ernest Hemingway von einem Schiffskapitän ein ganz besonderes Tier geschenkt: Kater Snowball besaß statt der normalen fünf Zehen an den Vorderpfoten sechs. Der Kater legte den Grundstein für die polydaktylen Hemingway Katzen, eine Katzenpopulation, die bis heute besteht.

Wie Sie spielen, trägt viel zur Spannung beim Spielen bei. Verstecken Sie die Angel so, dass die Katze ihr auflauern muss.

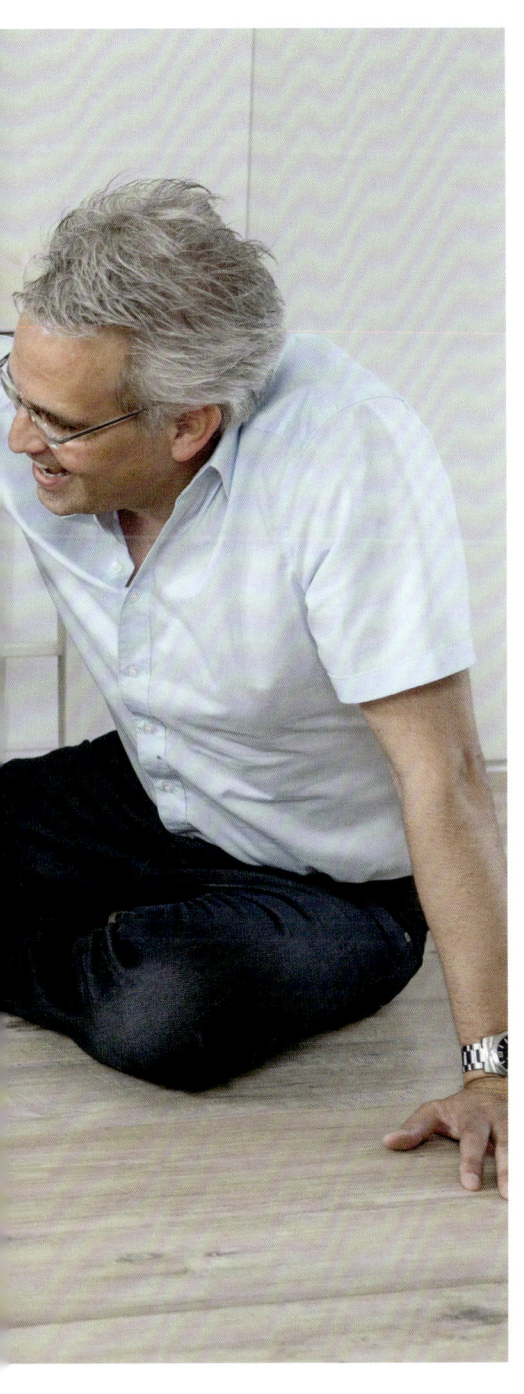

China Gadget

Das brauchen Sie

> 1 Essstäbchen
> 1 Haarspirale (Drogerie)
> 1 Gummikordel, 100 cm lang, Breite 3 mm (Nähbedarf)
> Gewebeband (Baumarkt, Drogerie)
> Schere

So geht's

1. Die Haarspirale einmal durchschneiden, ein Ende fest mit dem Gewebeband am Stab befestigen. An der anderen Seite die Spirale sorgfältig mit der Gummikordel verbinden. Bitte darauf achten, dass kein Plastik übersteht.
2. Die Kordel kurz vor dem Ende einmal fest verknoten, den überstehenden Rest auseinanderfransen.

Dominante Pfoten

Amerikanische und britische Wissenschaftler konnten nachweisen, dass Kater lieber die linke Vorderpfote zum Pföteln von Spielzeug oder Beute benutzen, während Weibchen die rechte vordere Tatze bevorzugen.

Service

Buchtipps

› Busch, Marlies: Taschenatlas Pflanzen für Heimtiere. Gut oder giftig? Verlag Eugen Ulmer, Stuttgart 2014
› Evans, Mark: Katzenkinder aufziehen. Verlag Eugen Ulmer, Stuttgart 2010
› Gollmann, Birgit: Katzen. Selbstbewusst - klug - verspielt. Verlag Eugen Ulmer, Stuttgart 2005
› Grandin, Temple: Making Animals Happy. Bloomsbury, London 2010
› Grotegut, Heike: Alles für die Katz'. 88 Katzenspiele einfach selbst gemacht. Verlag Eugen Ulmer, Stuttgart 2016
› Kurschus, Andrea: Meine Katze versteht mich. Wie uns die Spiegelneuronen verbinden. Verlag Eugen Ulmer, Stuttgart 2015
› Leyhausen, Paul: Katzenseele: Wesen und Sozialverhalten. Kosmos, Stuttgart 2005
› Schär, Rosemarie: Die Hauskatze. Lebensweise, Verhalten und Ansprüche. Verlag Eugen Ulmer, Stuttgart 2009
› Schroll, Sabine: Lauter reizende ... alte Katzen! Krankheiten, Verhalten und Pflege. BoD, Norderstedt 2014
› Schneider, Gabriele: Hund und Katze gemeinsam halten. Verlag Eugen Ulmer, Stuttgart 2009
› Tabor, Roger: Die Sprache der Katzen: Mimik, Laute, Körpersignale. Verlag Eugen Ulmer, Stuttgart 2006

Klicks im WWW

› **www.tiercouch.de**
Webseite der Autorin mit aktuellen Informationen rund um Katzen, Verhaltensforschung und Katzenpsychologie.
› **www.tasso.net**
› **www.registrier-dein-tier.de**
Seit über 30 Jahren bieten TASSO und das Deutsche Haustierregister die kostenlose Möglichkeit an, sein Haustier zu registrieren und im Fall aller Fälle entlaufene Tiere zurückzuvermitteln.
› **www.botanikus.de/Botanik3/ Tiere/Katzen/katzen.html**
› **www.vetpharm.uzh.ch/clinitox**
Giftig oder nicht? In diesen Pflanzen-Datenbanken verschaffen Sie sich ganz schnell Klarheit, was für Ihre Katzen verträglich ist.
› **www.facebook.com/LifeOfLauri**
Katzencomics im Netz, die bekannte Lebenssituationen zwischen Mensch und Katzen darstellen.

Über die Autorin

Heike Grotegut wohnt zusammen mit ihrem Mann, drei Katern und einem Hund in Köln. Sie studierte Germanistik in Paderborn und Köln und absolvierte eine Ausbildung zur Fachinformatikerin. Nach mehreren Jahren als Netzwerk- und Systemadministratorin an einem Max-Planck-Institut in Köln studierte sie berufsbegleitend Tierpsychologie in der Schweiz. Seit einigen Jahren arbeitet sie als Katzenpsychologin und war im Rahmen dieser Tätigkeit bereits Gast in verschiedenen Medien und Fernsehsendungen, wie etwa „Tiere suchen ein Zuhause", „Quarks & Co." und „Planet Wissen".

Danke!

Danke, lieber Bruno, dass du mich immer so sehr zum Lachen bringst, dass sich Stress und düstere Gedanken in Wohlgefallen auflösen. Was wäre ein Leben ohne Lachen und Humor. Danke fürs Zuhören und manchmal auch fürs Weghören. Du bist der Beste.

Selbstredend danke ich meinen Katern, die sich eifrig an der Entwicklung, dem Austesten und der Qualitätssicherung der vorgestellten Ideen beteiligt haben. Danke für das beruhigende Schnurren und Schmusen, für spaßige Spiele und stets gute Laune. Paulchen, der Hund unter Katzen, erfreut mich täglich mit seiner unbeirrbaren Fröhlichkeit. Der beste kätzische Hund, den ich mir vorstellen kann. Irgendwann klappt's auch noch mit dem Schnurren.

Natürlich geht ein großes Danke an meine Lektorin Kathrin Gutmann, die dieses Projekt gewohnt gelassen und professionell begleitet hat.

Der lieben Gabi Franz danke ich für ihre wunderbare Unterstützung. Ich bin so froh, dass es wieder mit uns geklappt hat. Mit ihr wird Arbeit zum Vergnügen.

Janne Reichert danke ich für die traumschönen Bilder. Für mich eindeutig immer wieder die erste Wahl. Ich habe mich so gefreut, dass wir wieder zusammenarbeiten konnten.

Zum Schluss danke ich allen zwei- und vierbeinigen Fotomodellen für die großartige Unterstützung. Ohne sie wäre dieses Projekt gar nicht möglich gewesen. Es war so wunderbar, dass ihr alle mitgemacht habt! Ein Riesenlob an die kätzischen Modelle: Cooper & Audrey, Costa, Lucky & Eddy & Rockstar, Krümmel & Löwe, Louis & Missy, Silke & Holly & Toni, dem Tierheim Leverkusen (www.tsvlev.de) und damit Bussi & Kleines & Joker.

Bildnachweis

Alle Fotos im Innenteil und auf dem Umschlag stammen von Janne Reichert, Köln.

Die Zeichnungen stammen von Siegfried Lokau, Bochum-Wattenscheid.

Bibliografische Information der Deutschen Nationalbibliothek
Die Deutsche Nationalbibliothek verzeichnet diese Publikation in der Deutschen Nationalbibliografie; detaillierte bibliografische Daten sind im Internet über http://dnb.d-nb.de abrufbar.

© 2019 Eugen Ulmer KG
Wollgrasweg 41, 70599 Stuttgart (Hohenheim)
E-Mail: info@ulmer.de
Internet: www.ulmer.de
Lektorat: Kathrin Gutmann, Gabi Franz
Herstellung: Isabell Scherrieble
Umschlag-Gestaltung: Atelier Reichert, Stuttgart
Satz: Atelier Reichert
Druck und Bindung: Westermann Druck, Zwickau
Printed in Germany

ISBN 978-3-8186-0650-3